U0216433

- “第 46 届世界技能大赛家具制作项目福建集训基地”建设成果
- “木雕技艺与文化研究中心福建省高校人文社科研究基地”阶段性成果
- 2019 年福建省教育厅教改重大项目“新生代工艺美术师培养模式探索与实践”（项目号 :FBJG20190105）阶段性成果

木质家居产品制作

颜朝辉　朱金水　编著

厦门大学出版社
XIAMEN UNIVERSITY PRESS
国家一级出版社
全国百佳图书出版单位

图书在版编目(CIP)数据

木质家居产品制作 / 颜朝辉，朱金水编著. -- 厦门：厦门大学出版社，2022.10
ISBN 978-7-5615-8707-2

Ⅰ. ①木… Ⅱ. ①颜… ②朱… Ⅲ. ①木家具－制作－教材 Ⅳ. ①TS664.1

中国版本图书馆CIP数据核字(2022)第149127号

出 版 人 郑文礼
责任编辑 郑 丹

出版发行 厦门大学出版社
社 址 厦门市软件园二期望海路 39 号
邮政编码 361008
总 机 0592-2181111 0592-2181406(传真)
营销中心 0592-2184458 0592-2181365
网 址 http://www.xmupress.com
邮 箱 xmup@xmupress.com
印 刷 厦门市竞成印刷有限公司

开本 787 mm×1 092 mm 1/16
印张 10.25
字数 206 千字
版次 2022 年 10 月第 1 版
印次 2022 年 10 月第 1 次印刷
定价 68.00 元

厦门大学出版社
微信二维码

厦门大学出版社
微博二维码

前 言

对许多家具设计类专业的学生而言，一谈到木质家具或家居产品，首先想到的就是设计、创新等，而忽视了实际动手制作的重要性。在动手制作产品的过程中，不仅能了解、掌握工具与设备的特性，也能深刻理解木质家居产品的工艺、结构特征，为设计与创新打下坚实的基础。因此，木质家居产品的制作非常重要。

基于此，我们从行业特色和教学要求出发，在吸收国内外相关成果的基础上，组织相关人员编写了此书。本书内容涵盖木材相关知识、结构基础知识、工具与设备介绍、砧板制作、木勺子制作、板凳制作、燕尾榫收纳盒制作、床头柜制作、架格制作等，共九章。其中第一章、第二章、第三章、第五章、第六章、第八章、第九章由颜朝辉编写；第四章由朱金水编写；第七章由颜朝辉与朱金水共同编写。此外，朱金水还负责了部分章节的图片拍摄与编辑工作，颜朝辉负责全书的统稿工作。

本书集专业性、实用性、知识性和科学性于一体，注重理论与实践的结合。书中案例有些是生活中常见的家具，有些由编者设计，按照由易至难的顺序编排，采用一步一图的方式，力求做到详细、规范且易于理解。本书适合家具设计、室内设计、产品设计等相关专业的师生学习使用，同时也可供木制品制作爱好者和行业相关技术人员参考。

在本书的编写过程中，我们参考了国内外相关图书和国内相关网站上的图表和文字资料，也借鉴了部分木工老师傅的实际制作经验，还得到了莆田学院教务处以及工艺美术学院领导的关心、支持和指导，在此表示衷心的感谢！

木制品的制作将随着技术的进步而不断发展，本书仅起抛砖引玉的作用。由于编者的水平有限，书中难免会有疏漏和错误之处，恳请广大读者予以批评指正！

编　者

2022年5月

目 录

上篇：基础知识

下篇：实践操作

上篇：

基础知识

第一章
木材基础知识

木材是自然界分布较广的材料之一，也是制作家具的主要原材料。木材有许多种类，但根据其软硬程度来分，我们可以将其分为两大类——软木和硬木。古典家具使用的红木都属于硬木，如紫檀、黄花梨、鸡翅木等，这些硬木价格高，硬度较大，使用其制作出来的家具也非常美观、结实。而软木则比较多，如杉木、松木、榉木等都属于软木的范畴，这些木材相对比较容易加工，价格也比较合理，在市场上比较容易购买得到。木材的软硬程度是相对的，如我们使用的榉木，笔者感觉其硬度比较合适，价格也比较合适，加工制作出来的家具和木制品也比较美观。

一、木材的构造

(一)木材的宏观构造

木材的宏观构造是指用肉眼或借助10倍放大镜所能见到的木材构造特征。它包括心材和边材、生长轮(年轮)、早材和晚材、管孔、轴向薄壁组织、木射线等(图1-1)。其他辅助特征包括材色和光泽、气味与滋味、纹理、结构与花纹、轻重与软硬、材表等。当然，我们在木工房里使用木材时，主要通过其他辅助特征来对木材进行识别，因为这些特征都是可以通过我们感觉器官直接感知的。下面主要介绍木材的其他辅助特征。

1. 材色

木材的细胞内含有各种色素、树脂、树胶、单宁及油脂等，并渗透到细胞壁中，致使木材呈现不同的颜色。如红木的红色或紫红色、乌木的黑色、桑木的黄色等。

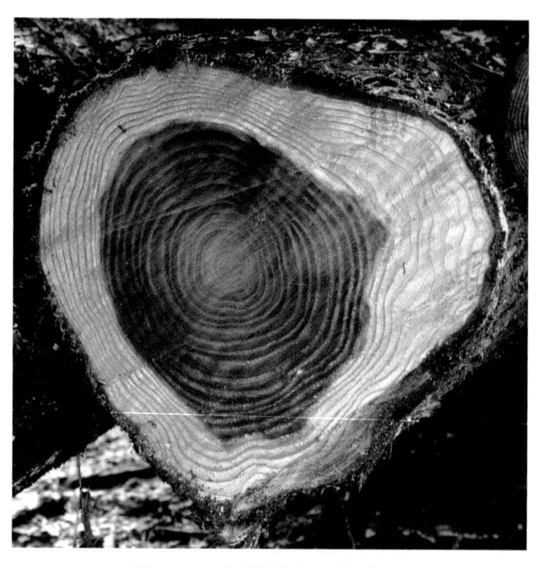

图 1-1　木材的宏观构造

2. 气味

木材气味来源于细胞腔内含有的各种挥发性物质以及单宁、树脂、树胶等物质。如松木的松脂气味，樟木的樟脑或辛辣气味，檀香木的檀香气味等。而枫香没有气味，是茶叶箱和食品包装的好材料。

3. 滋味

一些木材具有特殊的味道，即木材的滋味，它来源于木材中的一些特殊化学物质。如板栗具有涩味，肉桂具有辛辣及甘甜味，黄连木、苦木具有苦味，糖槭具有甜味等。

4. 纹理

木材表面因年轮、木射线、节疤在纵横切面上产生的自然图案就是纹理。由于树种的不同、锯解木材的位置差异、树木在生产过程中受自然条件等因素的影响，木材的纹理也会千变万化。纹理一般有直纹理、斜纹理、波状纹理、皱状纹理。

5. 轻重与软硬

一般密度大的木材可能硬度亦大，轻者可能质软。通常可分为轻、中、重与软、中、硬各三大类。轻(软)：密度小于 0.4 g/cm^3，端面硬度在 5000 N/cm^2 以下，如泡桐；中：密度在 0.5～0.8 g/cm^3 之间，端面硬度 5000～10000 N/cm^2；重(硬)：密度大于 0.8 g/cm^3，端面硬度在 10000 N/cm^2 以上，如砚木。

(二)木材的微观构造

木材的微观构造是指在显微镜下观察的木材构造。软材的微观构造主要有管胞、木射线、轴向薄壁组织和树脂等。而硬材则相对复杂一些，主要包括导管、木纤维、木射线、轴向薄壁组织和管胞等。

二、木材的三个切面

木材由大小、形状和排列各异的细胞组成。木材的细胞所形成的各种构造特征，可通过木材的三个切面来观察，如图 1-2 所示。

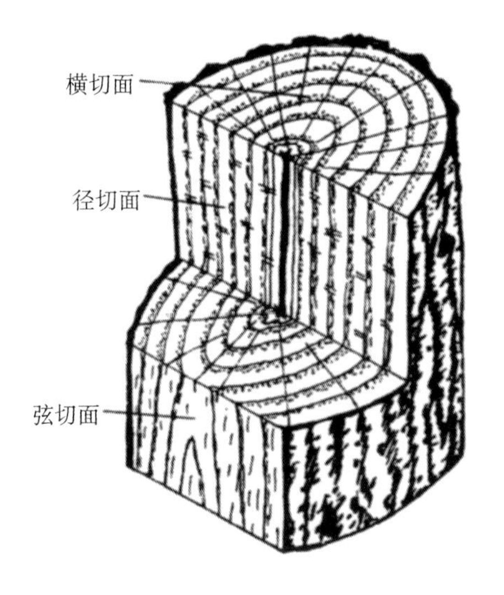

图 1-2　木材的三个切面

横切面：与树干轴向或木材纹理方向垂直的切面。

径切面：与树干轴向相平行，沿树干半径方向（通过树干的髓心）所锯切的切面。

弦切面：与树干轴向相平行，不通过树干中心（即不通过髓心）所锯切的切面。

三、木材的特性

木材有许多优点，它质量轻而强度高，拥有天然的色泽和花纹，而且容易加工，尤其是它呈现出独特的色泽、天然的纹理、特别的质感等而广为人们所喜爱，并广泛应用于建筑、家具以及室内装修等行业。

但是木材也具有一定的缺点，其主要的缺点就是湿胀与干缩。这是因为木材本身含有一定的水分，木材中的水分在木材中有三种存在状态，分别为自由水、吸着水和化学结合水。存在于木材细胞腔和细胞间隙里的水分称为自由水，而以吸附状态存在于细胞壁中的水分称为吸着水，与木材细胞壁组成物质呈化学结合态的水则称为化学结合水。当空气中的水蒸气压力或浓度大于木材表面水蒸气压力或浓度时，木材从周围空气中吸收水蒸气，称为吸湿。通过吸湿，木材会发生尺寸和体积的膨胀，也就是所谓的湿胀。当空气中的水蒸气压力或浓度小于木材表面水蒸气压力或浓度时，则有一部分水蒸气从木材表面蒸发，这个过程称为解吸。通过解吸，木材的尺寸和体积会缩小，也就是所谓的干缩。

为了更好地利用木材，我们就要尽可能地减少木材的干缩和湿胀，可通过以下几种途径来解决：

(1)控制木材的含水率。木材中水分的质量和木材自身质量之百分比称为木材的含水率。由于木材的干缩和湿胀跟大气中的含水率有关系，因此可以借助一定的设备通过人工干燥的方法控制木材的含水率，使其与当地大气中的含水率达到一个相对平衡的水平，从而减少木材的干缩和湿胀现象。如图 1-3 所示，就是采用干燥炉来进行木材干燥。除了通过人工干燥外，也可以通过大气干燥来达到控制木材含水率的目的。大气干燥就是将木材摆放在空旷的场地上，通过大气和太阳辐射等自然手段来排出木材中的水分，达到干燥的目的。这个干燥过程时间较长，有时甚至需要几年的时间，但是不需要其他辅助设备，容易操作。

图 1-3　利用干燥炉进行木材干燥

(2)对木材表面进行涂饰。这也是我们经常使用的一种方法，通过对木材表面涂饰油漆或其他化学药剂，将木材表面包裹起来，阻止木材中的水分与空气中的水分进行交换，从而达到使木材稳定的目的。本书中主要使用木蜡油涂饰木制品表面，从而控制木材的形变。

四、常用家具用材

在国产木材中，我们常用的软木有红松、马尾松、冷杉、云杉、落叶松、樟子松等。比较硬一些的木类有橡木、橡胶木、白蜡木、水曲柳、桦木、榆木、楸木、樟木（香樟）、柞木（蒙古栎）、椴木、楠木、黄杨木（结构极细致、材质光滑，易切削加工，适宜做雕刻家具）、核桃木、榉木等。在进口材中比较常见的有柚木、红木（红檀木）、紫檀木、花梨木、乌木、酸枝木、铁力木、桃花心木和胡桃木等。

本书中的案例主要使用了三种实木材料：榉木、黑胡桃木和橡胶木指接板。

（一）榉木

榉木材质较为坚硬，能耐一定的冲击。其本身质地较为均匀，纹理美观，色调柔和、流畅，有良好的加工、涂饰性能，胶合性能好，但在干燥时容易变形。图 1-4 所示为加工好的榉木板，图 1-5 所示为榉木毛料。

图 1-4　加工好的榉木板

图 1-5　榉木毛料

（二）黑胡桃木

黑胡桃木是密度中等且结实的硬木，抗弯曲及抗压度中等，韧性差，有良好的热压成型能力。材质坚硬，细腻均匀；纹理多带黑色，带状条纹；不易开裂，抗菌、防白蚁、耐腐蚀。深色的胡桃木体现沉稳、理性的特性，由于自身色调的因素，深受人们的喜爱。图1-6

所示为加工好的黑胡桃木板，图 1-7 所示为黑胡桃木毛料。

图 1-6　加工好的黑胡桃木板

图 1-7　黑胡桃木毛料

(三)橡胶木指接板

橡胶木，木质较粗硬，质地较为疏松，木纹较优美。指接板即将多块小料通过指接榫接合而形成的板材，小料指接技术可确保所集成板材在一定程度上不变形。由于木材易吸潮，所拼接板材在特定的湿度环境下还有不同程度的变形。指接板一般分为如下三个级别：AA 级，两面无死疤，无腐，无虫孔，无开裂，无补灰，砂光平整；AB 级，A 面和 AA 板一样，B 面有死疤，烂板面，有补灰（用灰把板面补平整），砂光平整；AC 级，两面有死疤、腐木、虫孔、树皮，两面均有补灰，砂光平整。图 1-8 与图 1-9 所示的木板为两面无疤、无腐、无虫孔的橡胶木板。

图 1-8　AA 级橡胶木板(A 面)

图 1-9　AA 级橡胶木板(B 面)

第二章
结构基础知识

结构是制作家具的技术手段，家具主要采取以下几种主要结构方式：①榫卯结构；②胶合结构；③五金件连接结构；④金属焊接、铆接结构；⑤编织结构；⑥浇铸、模压等结构；⑦其他结构。

由于使用材料的关系，榫卯结构仍然是现代实木家具中运用比较普遍的结构形式，尤其在当今技术发展迅速、结构形式多样的条件下，榫卯结构也越来越受到人们的青睐。总结起来，现代实木制品的接合方法主要有榫接合、胶接合、钉接合、五金件接合等。在本书中，我们采取榫卯和胶结合作为主要的接合方式。

榫接合就是将两个或两个以上的木质构件采用榫头对榫眼的方式（即一个构件上制作出榫头，另一构件上制作出榫眼），通过彼此镶入嵌套的方法紧密连接，从而达到固定连接的接合方式。它具有接合强度高、稳定性好、经久耐用且接合部位美观等优点。现代木制品榫接合有整体式榫接合与分体式榫接合之分。但在现代木制品的榫接合过程中，榫接合一般还需借助胶黏剂来提高接合强度，而一旦加入了胶黏剂，其接合部位则很难拆卸。

一、整体式榫接合

整体式榫接合按榫头形状可分为直角榫、燕尾榫、圆棒榫、梳齿榫等（图2-1）。本书主要介绍直角榫接合和燕尾榫接合。

直角榫接合：榫肩面与榫颊面互相垂直或基本垂直的都属于直角榫。如图2-2所示，直角榫榫头由榫端、榫颊、榫肩组成，榫眼有闭口和开口之分，闭口榫眼简称为榫孔，开口榫眼习惯上称榫槽。直角榫加工相对较为简单，接合较为牢固，应用也比较广泛。

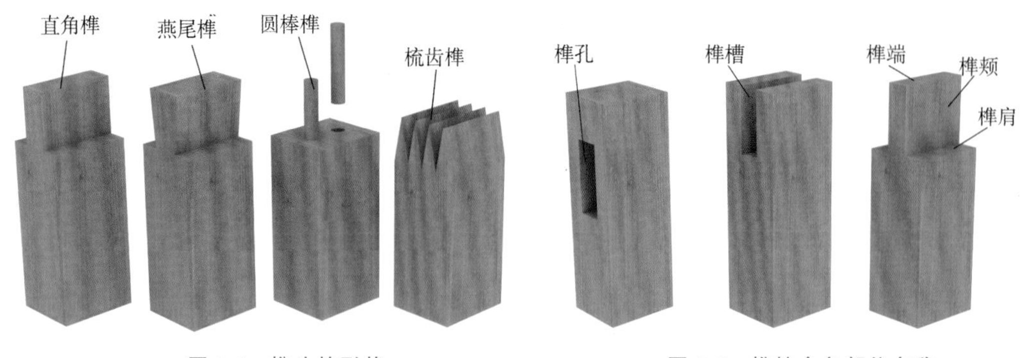

图 2-1　榫头的形状　　　　图 2-2　榫接合各部位名称

根据榫接合的方式，直角榫接合有以下分类。以榫头数目来分，有单榫、双榫和多榫接合方式，如图 2-3 所示。一般框架式的木制品多采用这些接合方式。

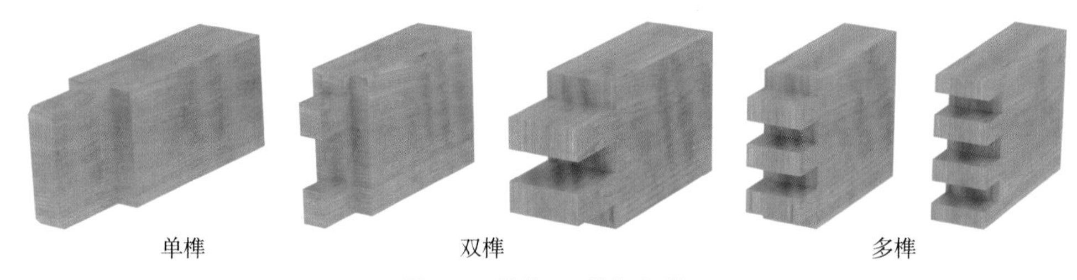

图 2-3　单榫、双榫与多榫

以榫头的贯通和不贯通来分，可分为明榫接合和暗榫接合。明榫就是榫头端面外露，暗榫的榫头隐藏在工件内部，不外露。现在许多木制品的结构开始流行采用明榫，特意将榫头露出来作为装饰，以展示木制品的结构之美。

以榫头的侧面能否看到榫头来分，有闭口榫、开口榫与半闭口榫之分，如图 2-4 所示。

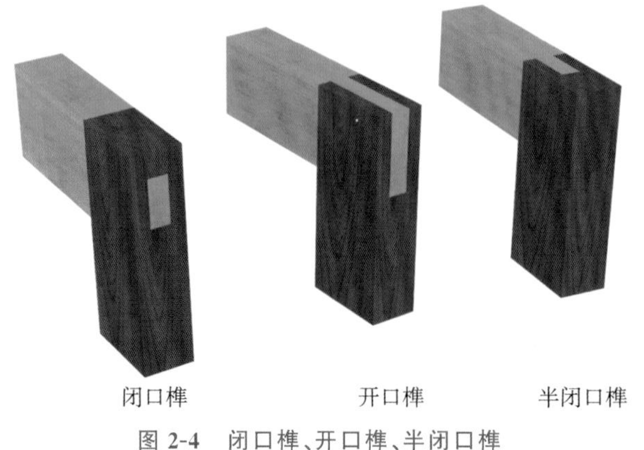

图 2-4　闭口榫、开口榫、半闭口榫

以榫肩的切割形式分，榫头有单肩榫、双肩榫、三肩榫与四肩榫以及斜肩榫等，如图

2-5 所示。一般单肩榫用于方材厚度尺寸较小的情形，三肩榫常用于闭口榫接合，四肩榫常用于木框中横档带有槽口的端部榫接合。

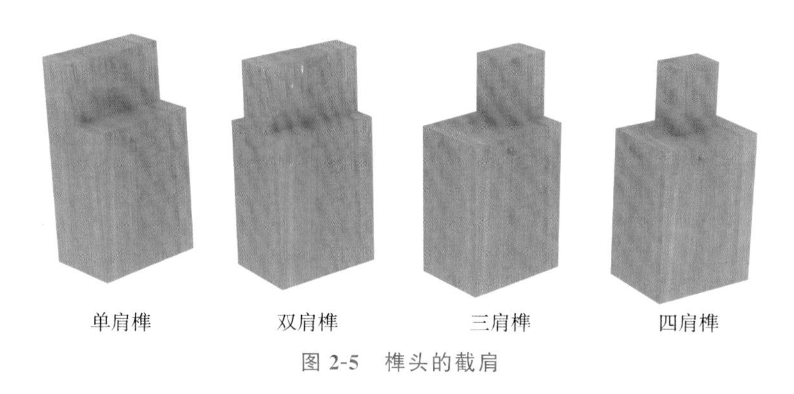

图 2-5　榫头的截肩

(一)榫接合的技术要求

为保证家具或木制品的接合强度，榫头与榫眼必须符合一定的技术要求。榫头有厚度、宽度与长度等参数需要设计，而榫眼有宽度、长度与深度等参数需要设计。其各部分的对应关系为：榫头长度 L 对应榫眼深度 D，榫头宽度 W 对应榫眼长度 F，榫头厚度 T 对应榫眼宽度 B。(如图 2-6 所示)

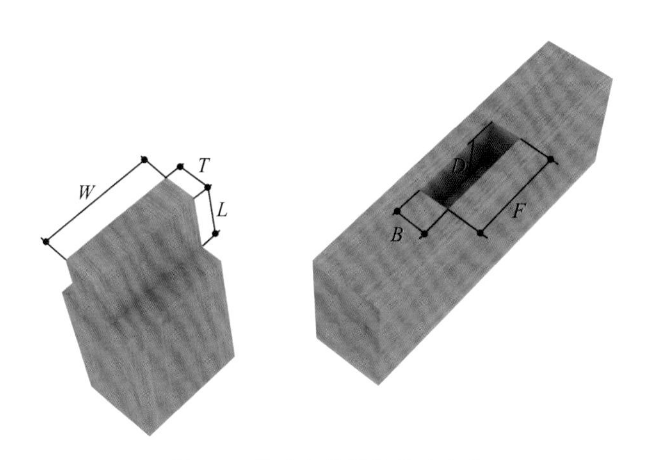

图 2-6　榫头与榫眼的尺寸定义

1. 榫头厚度

榫头的厚度通常为方材零件断面边长(与榫头厚度方向相一致的边)的 40%～50%，软木质取最大值，硬材质可取最小值，一般就是一半左右。榫头厚度常用的有 6 mm、8 mm、9.5 mm、12 mm、13 mm、15 mm 等。榫头厚度根据木质的硬、软不同应等于榫眼宽度或小于榫眼宽度 0.1～0.2 mm，即间隙配合时，接合强度最大。

2. 榫头宽度

榫头宽度一般比榫眼长度大 0.5～1 mm，其中硬材为 0.5 mm，软材为 1 mm 为宜，此时榫眼不会胀裂，并且榫头、榫眼的接合强度最大。当榫头宽度大于或等于 40 mm 时，榫头宽度的增加并不能明显提高抗拉强度。

3. 榫头长度

采用明榫时榫头长度一般要大于榫孔深度（3～5 mm）以便接合后刨平。暗榫的长度应大于榫孔零件宽度或厚度的一半，且必须保证榫孔底部留有 6 mm 以上的底层。生产单位一般采用 15～35 mm，抗拉力和抗剪力强度随尺寸增大而增加。超过 35 mm，强度指标下降，同时材料损耗也大大增加。一般榫头在 25～35 mm 范围内接合强度大。

4. 榫孔距材料边缘的距离

榫孔距材料边缘的距离：根据材料软硬程度，软材应大于或等于 8 mm，硬材应大于或等于 6 mm，如图 2-7 所示。

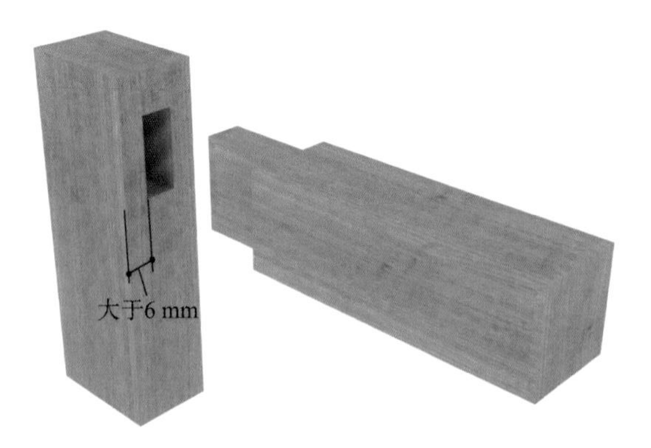

图 2-7　榫孔距材料边缘的距离

（二）燕尾榫接合

燕尾榫榫头呈梯形或半圆锥形，因与燕子尾巴较为相似，故得名。燕尾榫多用于抽屉等箱框的接合，其种类与相关参数见表 2-1。

表 2-1　燕尾榫的种类与相关参数

种类	图形	尺寸
燕尾单榫	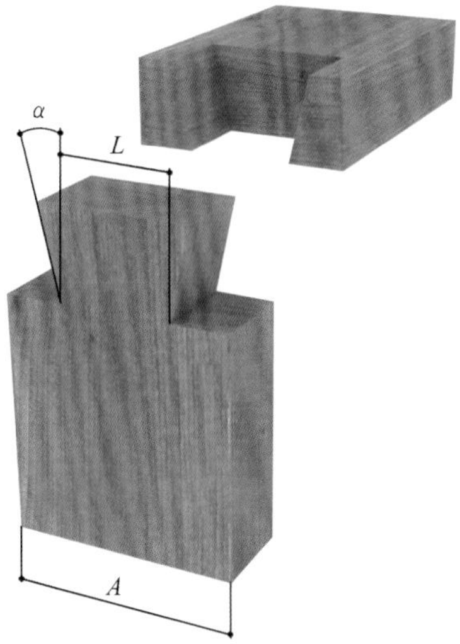 α L A	斜角 α 宜为 $8^\circ \sim 12^\circ$ 零件尺寸为 A 榫根尺寸 $L=A/3$
马牙单榫	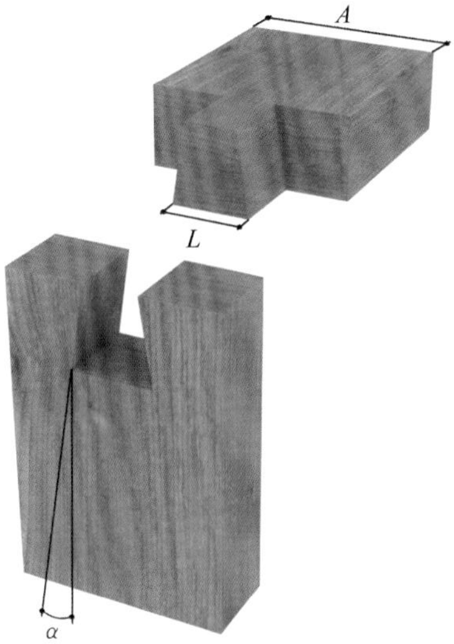 A L α	斜角 α 宜为 $8^\circ \sim 12^\circ$ 零件尺寸为 A 榫底尺寸 $L=A/2$

续表

种类	图形	尺寸
明燕尾多榫	 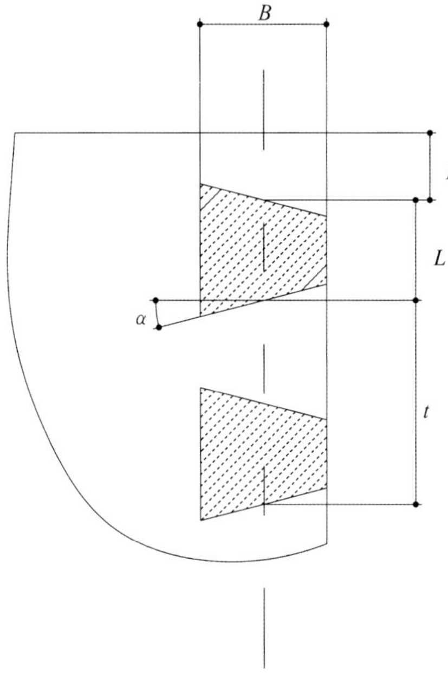 B L_1 L α t	斜角 α 宜为 8°～12° 板厚为 B 榫中腰宽 $L \approx B$ 边榫中腰宽 $L_1=2L/3$ 榫距 $t=(2\sim2.5)L$
全隐半隐 燕尾多榫	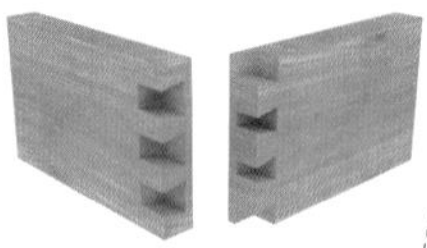 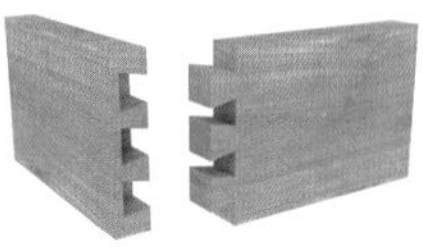 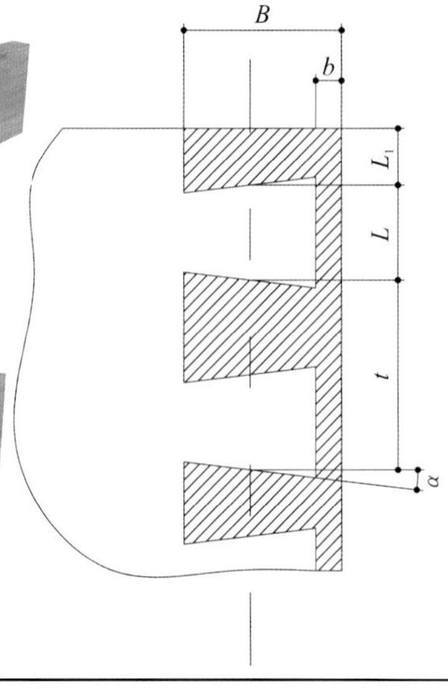 B b L_1 L t α	斜角 α 宜为 8°～12° 板厚为 B 留皮厚 $b=B/4$ 榫中腰宽 $L \approx 3B/4$ 边榫中腰宽 $L_1=2L/3$ 榫距 $t=(2\sim2.5)L$

注:内容参考孙新民.木材工业实用大全:木材卷[M].北京:中国林业出版社,2003.

二、分体式榫接合

分体式榫与需接合的材料不是一个整体，它是单独加工后再装入预制孔或槽中，如圆棒榫和片状榫。本书中的案例主要采用片状榫——多米诺榫片。多米诺榫片是预先制作好的，可在网上购买，只要将孔提前制作好，将多米诺榫片插入其中就可实现接合。

多米诺榫片有 5 mm(榫片的厚度)×30 mm(榫片的长度)×19 mm(榫片的宽度)、6 mm×40 mm×19 mm、8 mm×40 mm×21 mm、8 mm×50 mm×21 mm、10 mm×50 mm×23 mm 等规格，其中 5 mm×30 mm×19 mm 的榫片是较为常用的规格。图2-8所示为不同尺寸的多米诺榫片。

图 2-8　不同尺寸的多米诺榫片

第三章
工具与设备

制作家具的工具与设备有很多，本章只介绍本书案例所使用到的木工工具与设备，即便如此，本书案例所使用到的工具与设备亦非常丰富，通过这些工具与设备，基本能制作绝大多数木质家居产品。现代木工基本离不开各种各样的工具与设备，熟练掌握并使用这些工具设备能起到事半功倍的效果。

根据动力来源，制作木质家居产品使用的工具与设备可大致分为电动和手动两种类型。电动设备与工具主要有台锯、带锯、型材切割锯、曲线锯、平压刨、台钻、铣机、砂带机、打磨机、多米诺榫机、电钻、角磨机等；手动工具有各种夹具、角尺、直尺、锤子、砂纸等。本章介绍主要电动设备以及部分手动工具，并会对部分重要的设备进行较为详细的讲解，并讲解在使用过程中操作的规范性与安全性。书中涉及的对机器的使用建立在熟练掌握木工机械操作的基础之上，如果你刚刚学习使用机器，除了阅读本章的内容外，还应通过其他途径（如网络）找一些相关的资料来细心研读，最好能在有经验人士的陪同下操作。

一、木工制作安全说明

在制作之前，首先要牢固树立安全意识，有些机器与设备是比较危险的，所以安全使用设备就显得非常重要。当然，如果我们严格遵从设备的安全操作规范，基本就不会发生危险事故。下面整理了一些安全细则，供大家参考：

（1）不要在有易燃液体、气体或粉尘等易爆的环境下操作电动工具。

（2）电动工具插头必须与插座相配，绝不能以任何方式改装插头。不得滥用电线，绝不能用电线搬运、拉动电动工具。使电线远离热源、油、锐边或运动部件。

(3)不得将电动工具暴露在雨中或潮湿环境中。

(4)操作电动工具时关注所从事的操作并保持清醒,切勿在酒后、疲劳、有药物反应等情况下操作电动工具。

(5)着装适当。不要穿宽松的衣服或佩戴饰品,不能穿拖鞋、裙子等进入实训室。在操作时,让衣服、手套和头发远离运动部件,并佩戴好个人防护装置。

(6)防止意外启动,确保开关在连接电源或电池盒、拿起或搬运工具时处于关断状态。

(7)操作工具时,手不要伸得太长,时刻注意保持身体平衡。

(8)如果提供了与排屑、集尘设备连接用的装置,要确保它们连接完好且使用得当。

(9)不要滥用电动工具,根据用途使用适当的电动工具。

(10)如果开关不能接通,则不能使用该电动工具。

(11)在进行任何调节、更换附件或储存电动工具之前,必须从电源上拔掉插头或使电池盒与工具脱开。

(12)保养电动工具。检查运动件是否调整到位或卡住,检查零件破损情况和影响电动工具运行的其他状况。如有损坏,应在使用前修理好电动工具。

(13)保持切削刀具锋利和清洁。

(14)按照使用说明书,考虑作业条件来使用电动工具、附件和工具的刀头等。

(15)如需维修电动工具,需将电动工具送交专业维修人员,使用同样的备件进行修理。

二、电动设备与工具介绍

(一)台锯

台锯是木工设备中一种非常重要的设备,它主要由切割台面和一个突出台面的锯片以及其他辅助件组成。它主要用于对木材进行各种方向的切割(如直切、横切和斜切),它也可以用于制作榫头和榫槽,所以,它的功能非常强大,用途非常广泛,是木工制作必不可少的一件设备。本书中使用的台锯为德国 FESTOOL 台锯,形制如图 3-1 与图 3-2 所示。

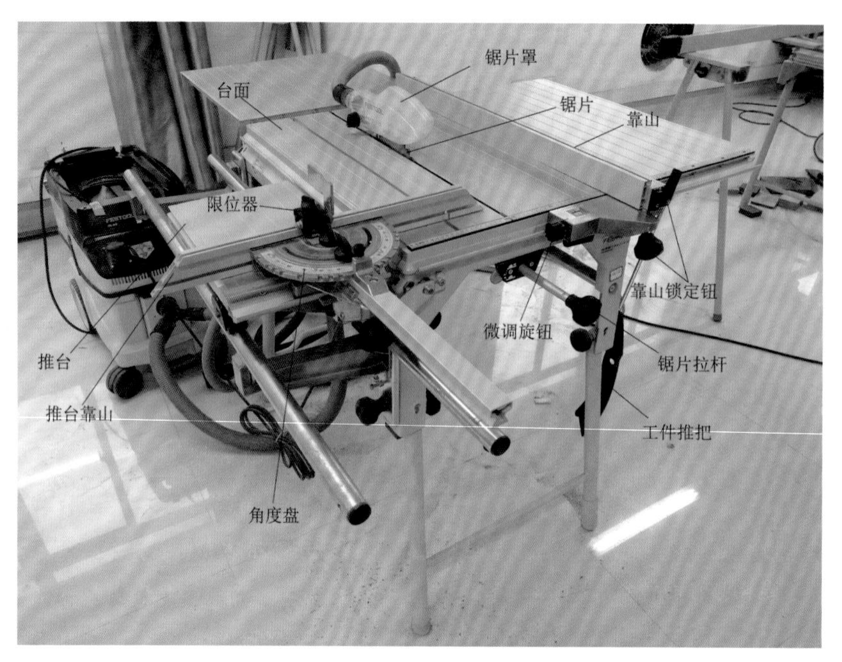

图 3-1　德国 FESTOOL 台锯

图 3-2　德国 FESTOOL 台锯(侧面)

使用台锯存在一定的危险性,因此用台锯进行切割时要遵从台锯的操作规范,切忌粗心大意或试图走捷径,一旦发生危险,将会造成终生的遗憾与痛苦。

台锯操作安全提示:

(1)操作前应对机台的电路、开关、限位器、锯片护盖等进行全面检查,并要试运行,检查各开关、按钮、限位装置等，确认良好，方可作业。

(2)必须保持台面整洁、干净、无杂物。

(3)调整锯片到合适的高度，确保锯片能将工件锯断。

(4)推动工件进行锯切时，手不能越过锯片并且身体不能趴在锯台上。如工件较长，则需借助其他辅助工具来推动工件进行锯切。

(5)固定工件一端时，工件另一端则不需固定。

(6)当工件锯切完毕，需在关闭机器的电源后才能取走工件。

(7)保持锯片锋利。

其中需要说明的是，台锯上的锯片罩主要起安全保护的作用，但是这个透明的锯片保护罩是可以拆掉的，拆掉后，锯片后面有一片金属跟刀板，用力按压跟刀板，跟刀板可以跟锯片齐平。跟刀板也是台锯上一个重要的安全装置，它一方面可以防止木板远离靠山，另一方面可以阻止木板在被切到末端时因其自身的收紧而咬住锯片。在实际使用台锯进行切割时，很多有经验的老师傅习惯将透明的锯片罩拆掉，将跟刀板按压至与锯片齐平，这样能比较清楚地看到木板切割时的情形。如图 3-3、图 3-4 所示，用力按压透明锯片罩，使跟刀板与锯片齐平，然后拆卸掉锯片保护罩，露出锯片与跟刀板即可。

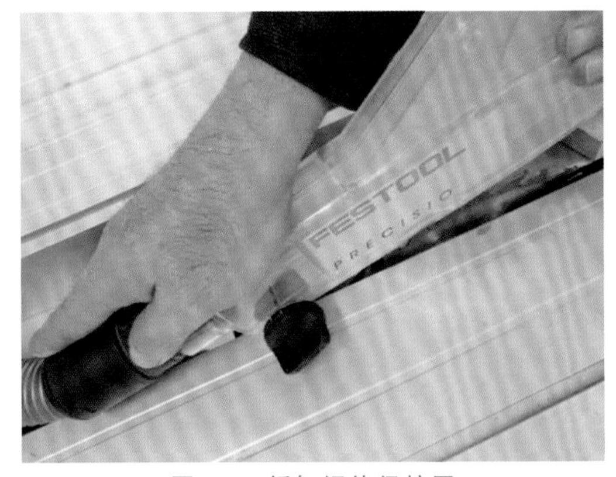

图 3-3 拆卸锯片保护罩

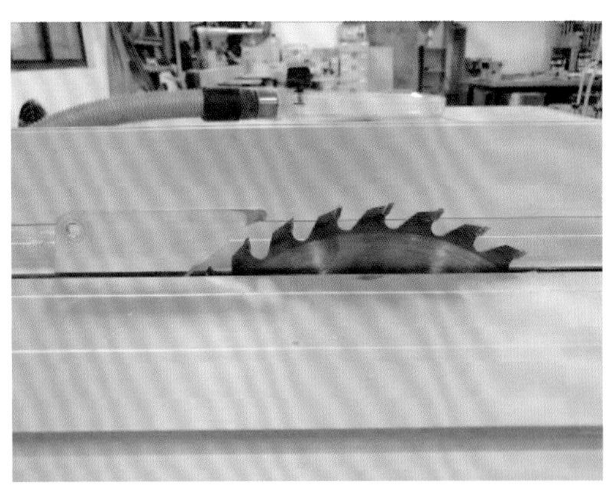

图 3-4 锯片与跟刀板

1. 台锯操作：直切

(1)根据台锯上的标尺调整台锯靠山的位置，如图 3-5 所示；确定需要切割的尺寸，然后通过靠山锁定钮锁紧靠山，如图 3-6 所示。

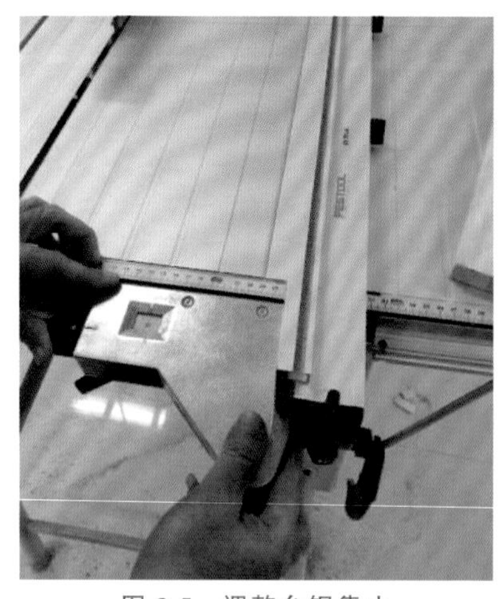

图 3-5　调整台锯靠山

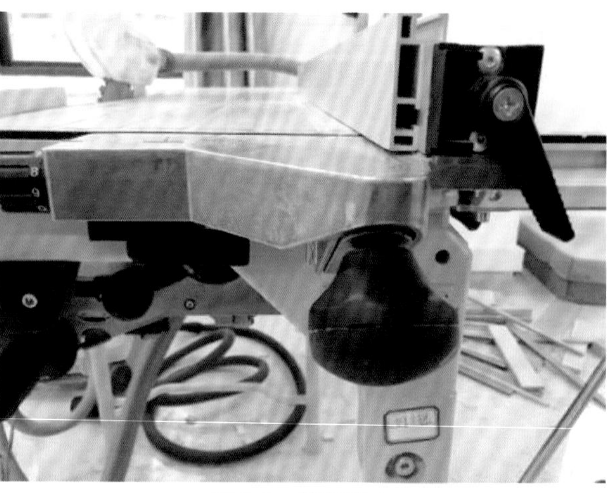

图 3-6　锁紧靠山

(2)将木板靠紧靠山，调整锯片高度，使锯片的高度高出木板一个锯齿左右，如图 3-7 所示；然后启动机器，匀速推动木板前进进行切割，切割过程如图 3-8 至图 3-10 所示。

图 3-7　调整锯片高度

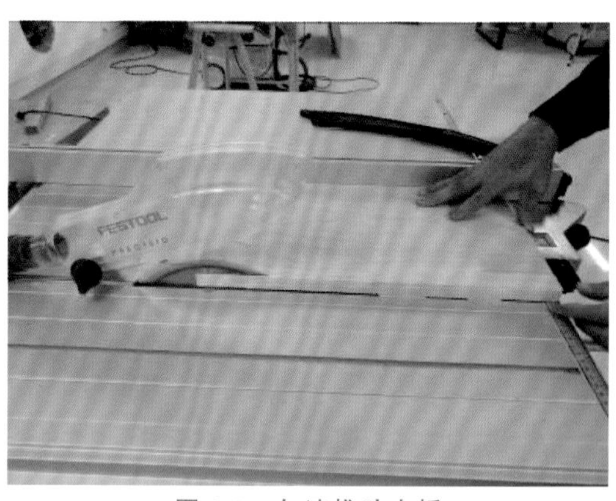

图 3-8　匀速推动木板

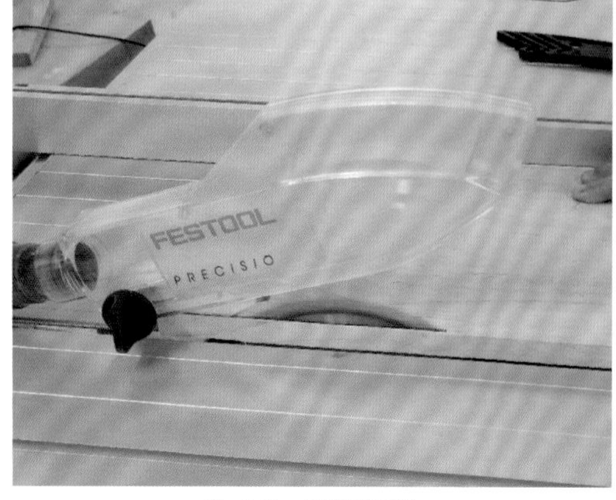

图 3-9　切割细节

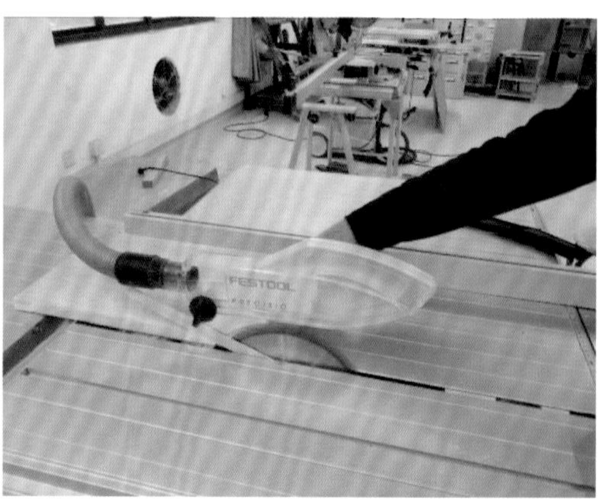

图 3-10　切割完成

(3)如果木板较窄,一定要使用工件推把推动木板进行切割。锯切结束后,关闭机器,等锯片完全停止运转后才能取走工件,如图 3-11 与图 3-12 所示。

图 3-11　使用工件推把

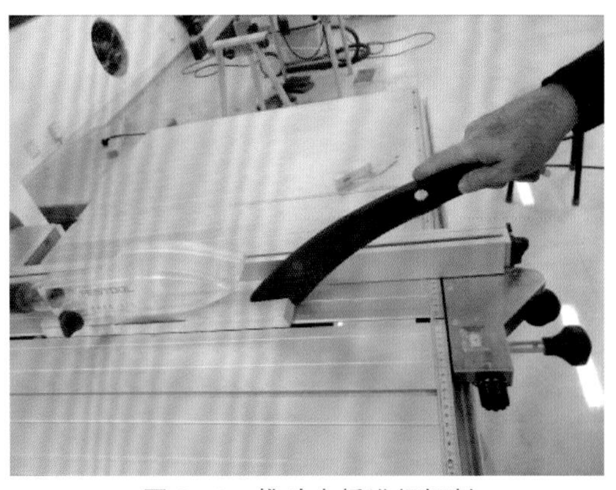

图 3-12　推动木板进行切割

2. 台锯操作:横切

(1)调整推台,使得推台上的靠山为水平(角度为 0°),如图 3-13 与图 3-14 所示。

(2)将木板的一侧靠紧推台上的靠山,用手将工件靠紧靠山,调整锯片高度,使锯片高出木板一个锯齿左右的高度,启动机器,然后匀速推动工件进行切割,如图 3-15 所示。

图 3-13　调整推台

图 3-14　靠山角度为 0°

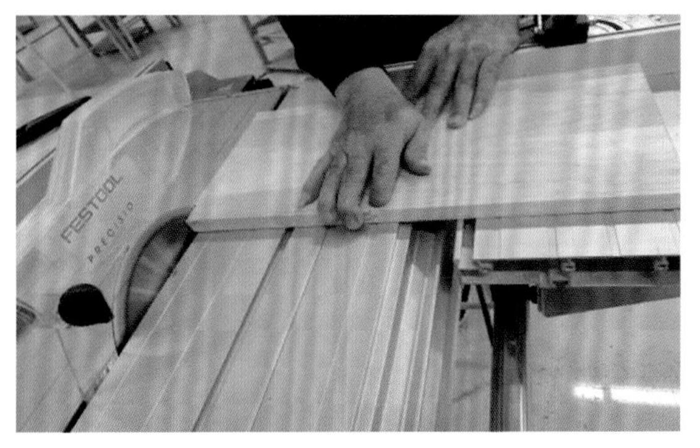

图 3-15　匀速推动工件进行切割

3. 台锯操作：斜切

使用台锯进行斜切与横切类似，只要调整台锯推台上的角度盘，确定斜切的角度，其余操作与横切基本一致。

（1）调整台锯推台上的角度盘为 15°，如图 3-16 与图 3-17 所示。

（2）参考横切时的操作，推动工件进行斜切（图 3-18）。斜切后效果如图 3-19 所示。

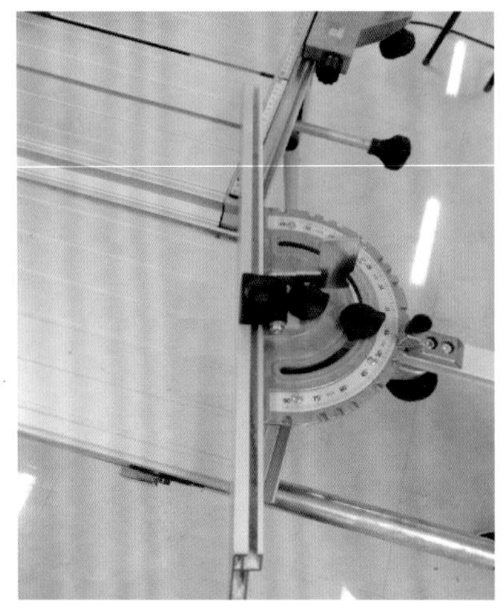

图 3-16　调整推台上的角度盘

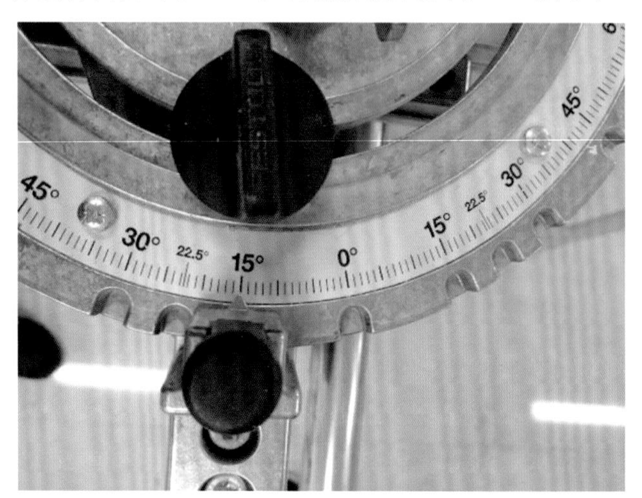

图 3-17　确定斜切角度

图 3-18　推动工件进行斜切

图 3-19　斜切后的效果

（3）调整锯片的倾斜角度，见图 3-20，调整后的锯片如图 3-21 所示。

（4）同样参考横切时的操作，推动工件进行斜切（图 3-22），切割后的效果如图 3-23 所示。

图 3-20 调整锯片倾斜角度

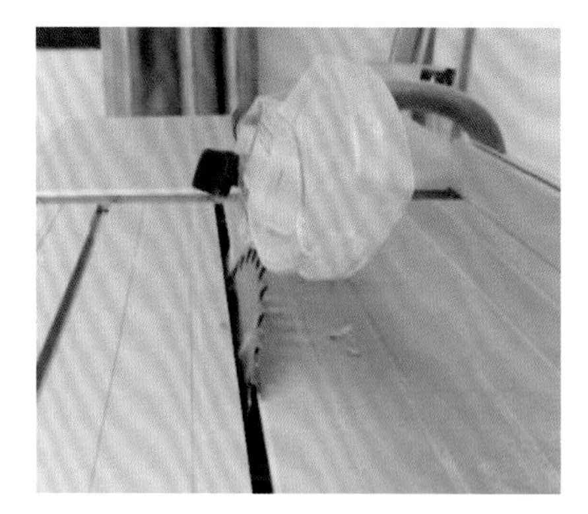
图 3-21 调整后的锯片

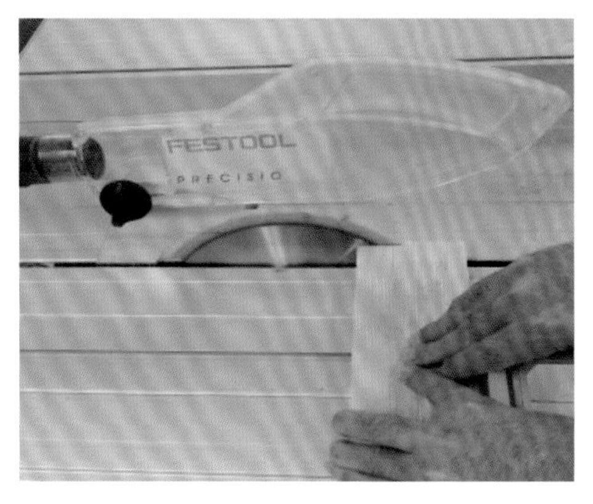

图 3-22 推动工件进行斜切

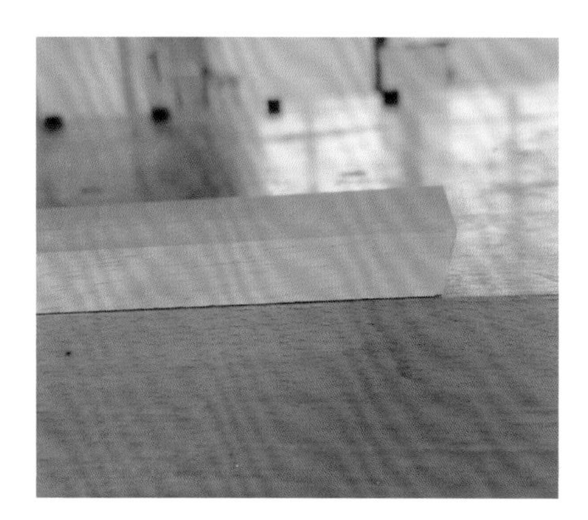
图 3-23 斜切效果

（二）带锯

带锯是一种非常实用的木工设备。带锯相对比较简单，操作也比较容易。带锯不仅能将较厚的材料切薄，也能切割榫头，还能粗略地进行直切，且带锯还非常适合用来切割曲线，因此它的用途非常广泛。带锯根据其锯条宽度与锯齿密度的不同可用于不同的切割，如较宽的锯条可用于开料，而锯条越窄，则能够切割的曲面半径也越小。锯齿数越多，则锯条切割出来的切割面越精细。带锯各个部位的名称见图 3-24。

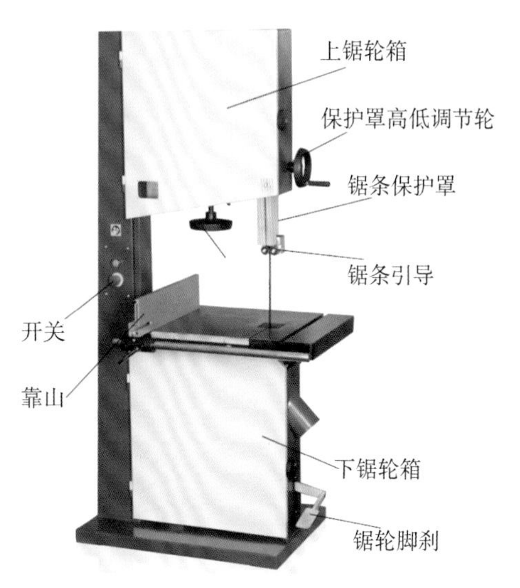

图 3-24 带锯各个部位的名称

1. 带锯操作

首先将带锯的靠山调整到合适的位置,即设置锯切宽度(图 3-25)。然后将带锯锯条保护罩调整到接近靠山处,开启机器,当带锯运行稳定后,将材料靠紧靠山,匀速送料(图 3-26)。当材料快切割完成时,一定要使用推杆来推进材料进行切割。

图 3-25 设置锯切宽度

图 3-26 切割材料

2. 带锯操作安全提示

(1)尽可能减少锯片的外露,将锯片保护罩放低,将其调整到能让材料通过的高度。
(2)要等带锯运行平稳后再开始送料进行切割。
(3)送料切割时,手指尽可能保持在切割线以外。
(4)在切割至材料末端时,一定要使用推杆来推动材料进行切割。
(5)当切割完毕时,一定要先关闭电源,然后再取走工件或余料。

(三)型材切割锯

型材切割锯的功能也比较强大,主要用于横切(但不能用来直切),也可以用来切割0°～45°的斜口。FESTOOL 的 KS120 型材切割锯还可以用来切割一定深度的槽口。本书中的型材切割锯还配有延伸支架,可以切割更长的木料。型材切割锯各个部位的名称及整体见图 3-27 至图 3-30。

图 3-27 型材切割锯各个部位名称(1)

图 3-28 型材切割锯各个部位名称(2)

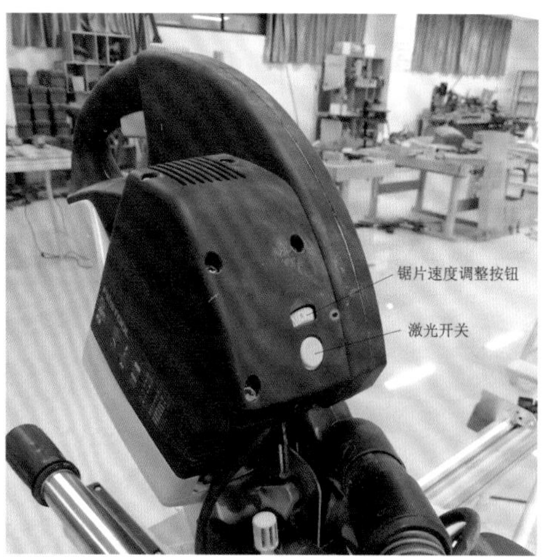

图 3-29 型材切割锯各个部位名称(3)

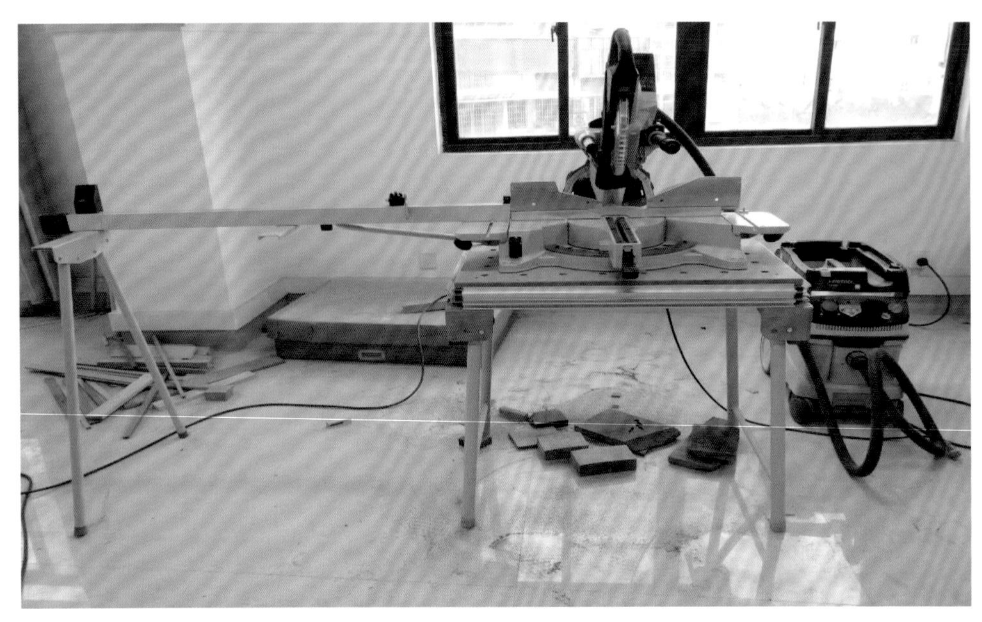

图 3-30　型材切割锯整体

1. 型材切割锯操作:横切与斜切

(1)首先确保角度盘(水平)与角度盘(垂直)两个角度为 0°(图 3-31、图 3-32),按下激光开关按钮,开启激光(图 3-33),将工件靠紧靠山按压在切割锯的台面上,右手同时按下开关锁和开关按钮,启动机器(图 3-34),待机器运行平稳后压下锯片,匀速切割工件(图 3-35、图 3-36)。

图 3-31　角度盘(水平)

图 3-32　角度盘(垂直)

图 3-33　开启激光

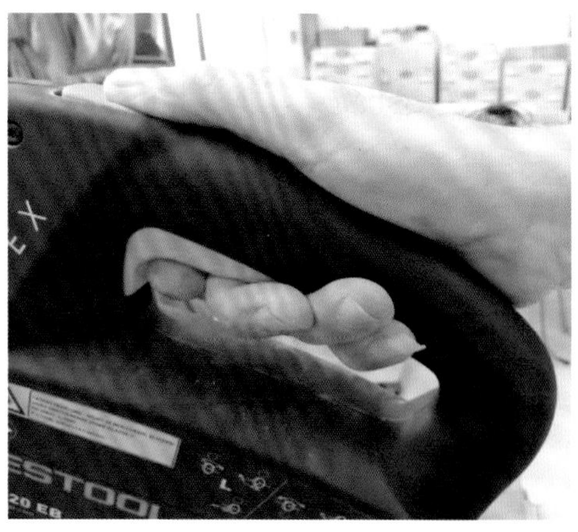

图 3-34　按下开关锁和开关按钮

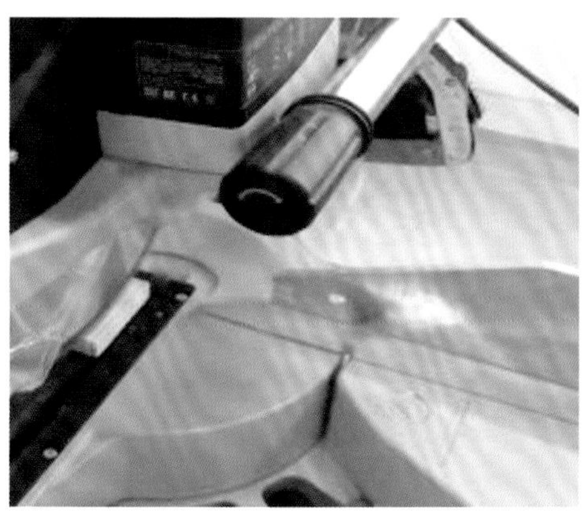

图 3-35　压下锯片

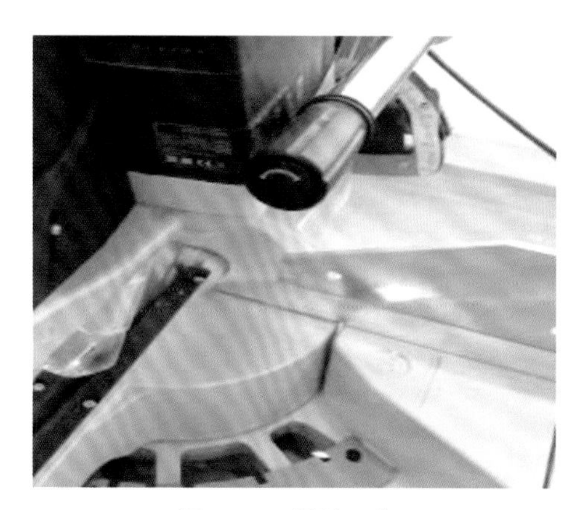

图 3-36　切割工件

(2)按下水平斜切角度限位钮(图 3-37),通过水平斜切夹具把手调整切割锯的水平角度(图 3-38)。

(3)参照第一步的操作切割工件,即可将材料切出一个有角度的斜口(图 3-39、图 3-40)。

图 3-37　按下水平斜切角度限位钮

图 3-38　调整切割锯的水平角度

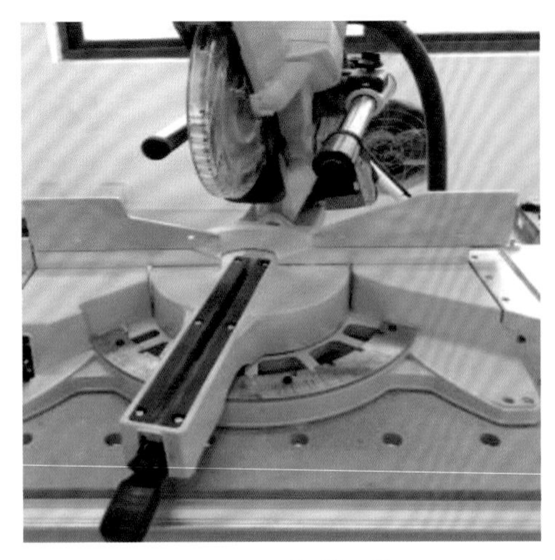

图 3-39 切割工件

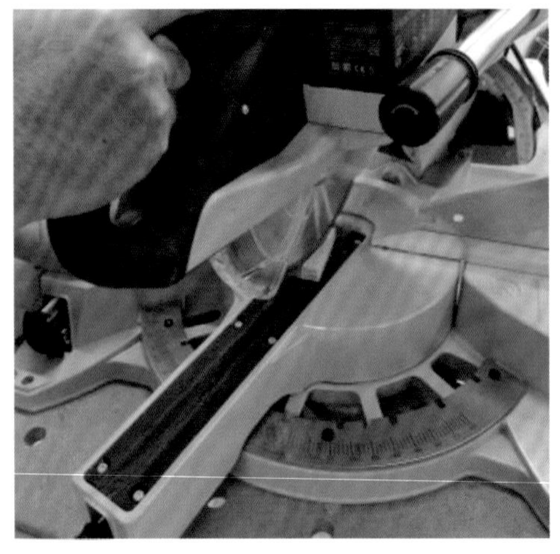

图 3-40 切出斜口

(4)将水平角度调整为 0°,然后打开斜切夹紧杆(垂直)(图 3-41),旋转斜切角度范围选择开关,将其旋转到 45°(图 3-42)。

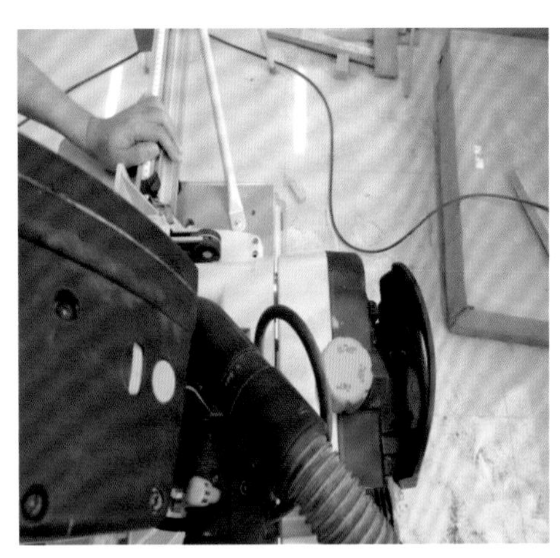

图 3-41 打开斜切夹紧杆

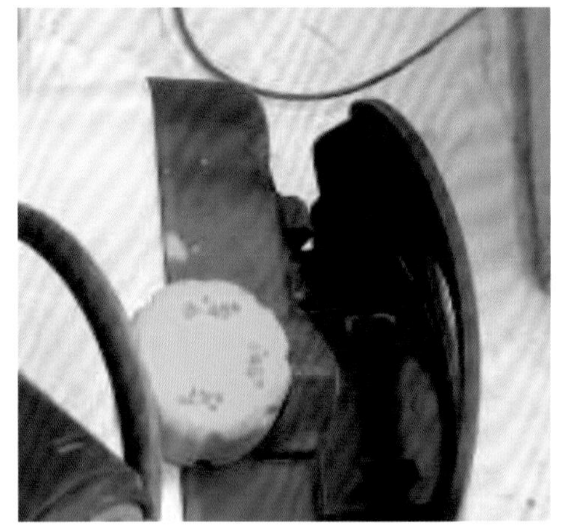

图 3-42 旋转斜切角度范围选择开关至 45°

(5)旋转角度旋转手柄(垂直)(图 3-43),将切割锯旋转一定角度(图 3-44)。

(6)关闭斜切夹紧杆(垂直)(图 3-45),然后按照第(1)步的操作方法,即可在垂直方向将工件切割出一个斜角(图 3-46)。

图 3-43　旋转角度旋转手柄(垂直)

图 3-44　旋转切割锯角度

图 3-45　关闭斜切夹紧杆(垂直)

图 3-46　切割出斜角

2. 型材切割锯操作安全提示

(1)操作前应对机台的电路、开关、限位器、锯片护盖等进行全面检查,并要试运行,检查各开关、按钮、限位装置等,确认良好,方可作业。

(2)开动机器前,需确保机器电源接通,机器与吸尘器连接完好。

(3)锯切的工件不能太宽,宽度超过 25 cm 的工件不能在该锯上进行锯切。

(4)锯切时应将工件固定好。

(5)要使机器先运行稳定后再进行锯切,锯切完毕后要等锯片停止运行后才能抬起锯片,然后再松开固定装置,取走工件。

(6)不能使用该锯锯切钢丝、石头等物体。

(四)曲线锯

曲线锯(图3-47)主要用来切割曲线，通过加装曲线锯倒装台，可以将曲线锯固定在倒装台上使用，本书中使用的曲线锯就是将手持曲线锯安装在倒装台上(图3-48、图3-49)，这样既可以切割曲线，也可以配合倒装台的靠山等辅助配件切割直线。曲线锯相对简单，操作也比较容易，一般用于切割较薄的木板，尤其适合切割20 mm以下的木板。如果用其切割20 mm以上的木板，曲线锯切割起来比较吃力，而且曲线锯的锯条也容易折断。在倒装台上使用曲线锯切割木板时，因为上下移动的锯条会使加工材料有抖动，容易将木板弹走，所以在加工时需要用手按住木板，同时用手推动木板进行切割。

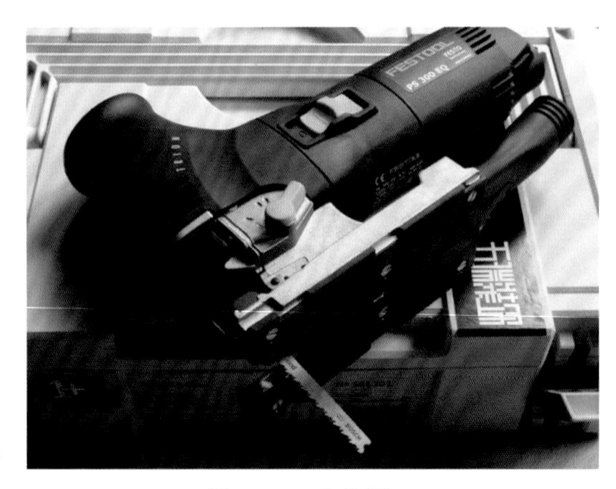

图3-47　曲线锯

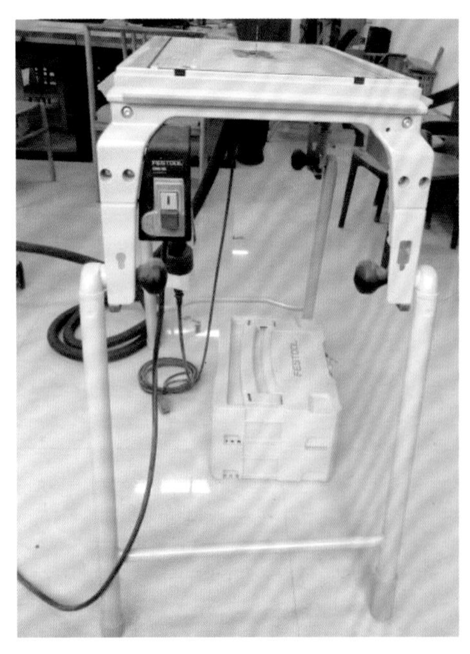

图3-48　将曲线锯安装在倒装台上

图3-49　安装细节

1. 曲线锯操作:使用曲线锯切割一个圆

(1)选择一块木板,使用圆规在上面画一个圆(图 3-50),画好后按下曲线锯启动开关(图 3-51),开启曲线锯。

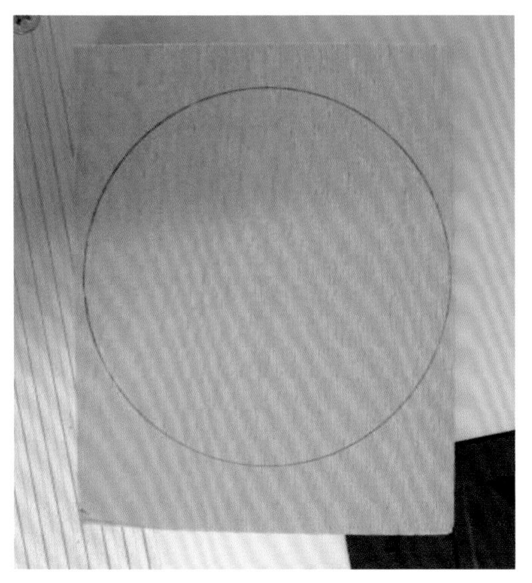

图 3-50　在木板上画圆

图 3-51　按下曲线锯启动开关

(2)待曲线锯运行平稳后,将工件大致沿曲线的切线方向缓慢靠近锯条(图 3-52),慢慢用锯条切割材料,使锯条逐步切割到圆形的边缘(图 3-53)。(注意:不能将所画的圆形图案切割掉)

(3)缓慢匀速转动材料,使锯条沿着圆形边缘切割(图 3-54、图 3-55)。

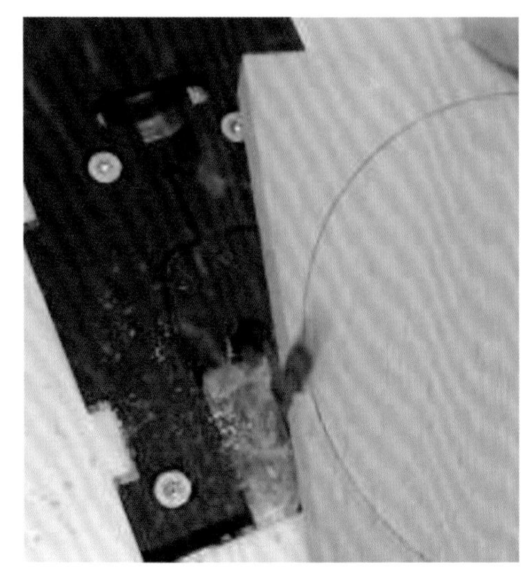

图 3-52　靠近锯条

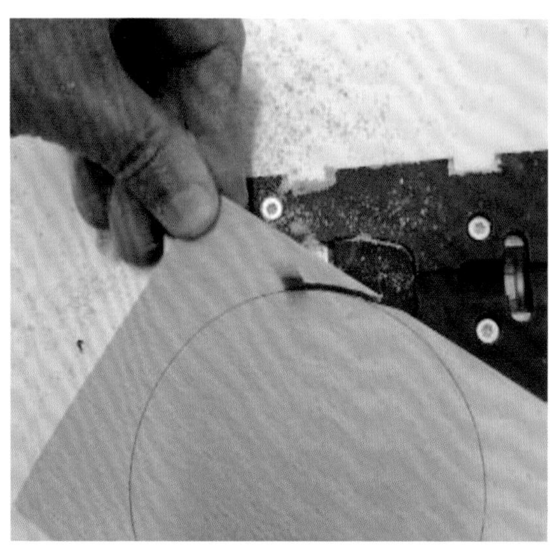

图 3-53　开始切割

图 3-54　沿边缘切割 1

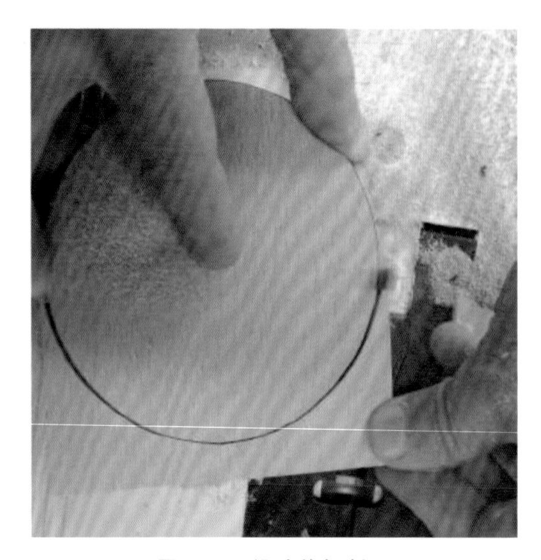

图 3-55　沿边缘切割 2

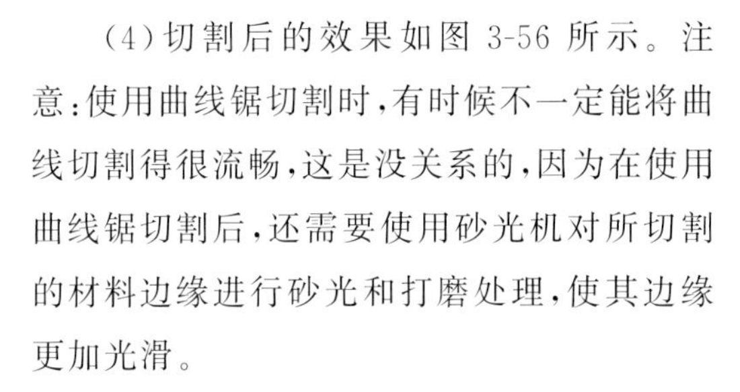

(4)切割后的效果如图 3-56 所示。注意:使用曲线锯切割时,有时候不一定能将曲线切割得很流畅,这是没关系的,因为在使用曲线锯切割后,还需要使用砂光机对所切割的材料边缘进行砂光和打磨处理,使其边缘更加光滑。

图 3-56　切割效果

2. 曲线锯操作安全提示

(1)操作前应对机台的电路、开关、限位器、锯条等进行全面检查,并要试运行,检查各开关、按钮、限位装置等,确认良好,方可作业。

(2)开动机器前,需确保机器电源接通,机器与吸尘器连接完好。

(3)锯切工件时,不能强行改变锯切方向。

(4)推动工件进行锯切时,应缓慢匀速进行。

(5)如发生工件锯切受阻或出现工件弹飞等情况,须立即停止锯切工件并立即关闭电源。

(6)当工件锯切完毕,须在关闭机器的电源后才能取走工件。

(五)平压刨一体机

在木工设备中,平刨和压刨也是一类不可缺少的机器。平刨主要用来刨平木板的其中一个面和侧面,在此基础上,再通过压刨,将另一面和另一侧面刨平,这样就可以得到一块方正的木板。一般来讲,平刨和压刨是分开的,是两个单独的机器,但为了节省空间,现在有一种平刨和压刨一体的机器,这种平压刨一体机是将平刨和压刨两种功能集成在一台设备上,其上部可以作为平刨使用,跟普通平刨没什么区别。但松开平刨转压刨锁定杆,抬起平刨台面,将集尘罩翻转过来就可以转换成压刨状态。平压刨一体机如图 3-57 与图 3-58 所示。

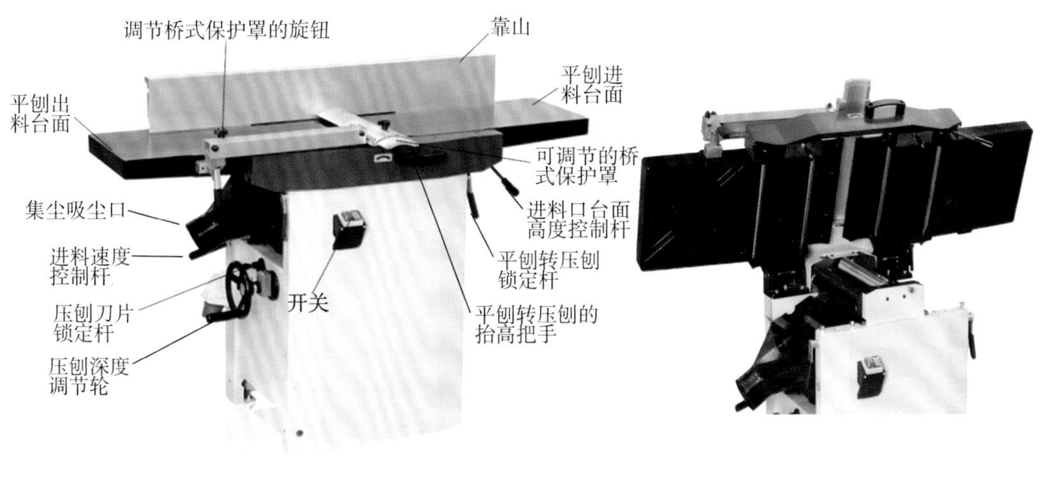

图 3-57　平压刨一体机　　　　图 3-58　平刨转压刨

平刨是一种非常危险的机器,在操作平刨时一定要注意安全,要按照平刨操作规范来进行操作。

1. 平压刨一体机操作安全提示

(1)保持着装整洁,不要穿宽松的衣服来操作机器,尤其是衣服的袖口要扎紧,衣服的纽扣或拉链要系好或拉上。

(2)使用平刨状态进行作业时,原则上要使用按压板来推动木料进行操作。

(3)不要刨削很短的板材。

(4)使用平刨刨削时,刨削深度不要调得太深,可以多刨几次来达到刨平的效果。

(5)初学者使用平刨时,一定要使用桥式保护罩。(许多老师傅在操作平刨时,习惯将保护罩拆掉,初学者不建议这样做。)

(6)当排屑口被堵住时,一定要先关闭机器,将排屑口的木屑清理干净后再进行后续操作。

(7)进行压刨时,切勿让你的手置于进料滚轮下方。

(8)如果木板歪斜了,立即关闭机器或降低台面。

(9)不要在压刨上刨削长度很短的木板。

(10)刨削完成后,一定要先关闭机器。

2. 平压刨一体机操作

(1)通过进料口台面高度控制杆调整进料台面高度(图 3-59),不要将进料台面调得太低,可以通过多次刨削来达到刨平效果,然后启动机器(图 3-60)。

(2)使用按压板压住木板,然后匀速推动木板通过刨刀进行刨削(图 3-61),一次刨削可能不会将其刨平,反复多刨几次即可,刨削后的效果如图 3-62 所示。

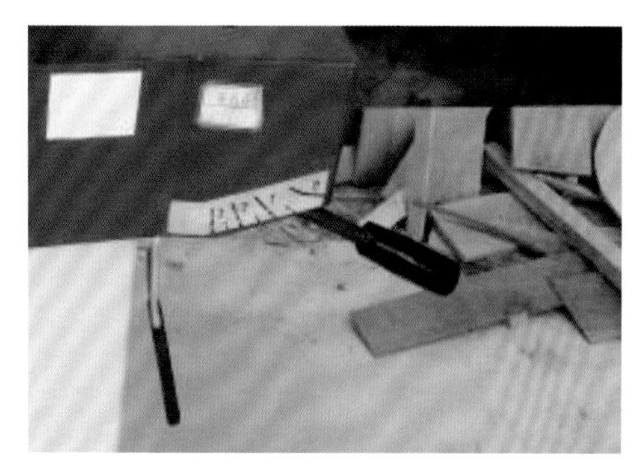

图 3-59 刨削厚度调节

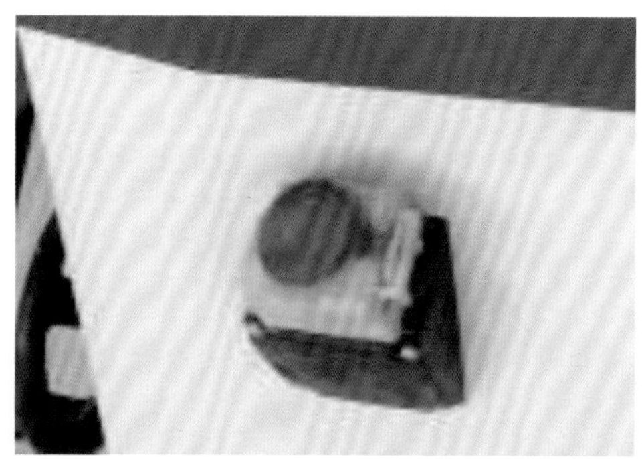

图 3-60 开关

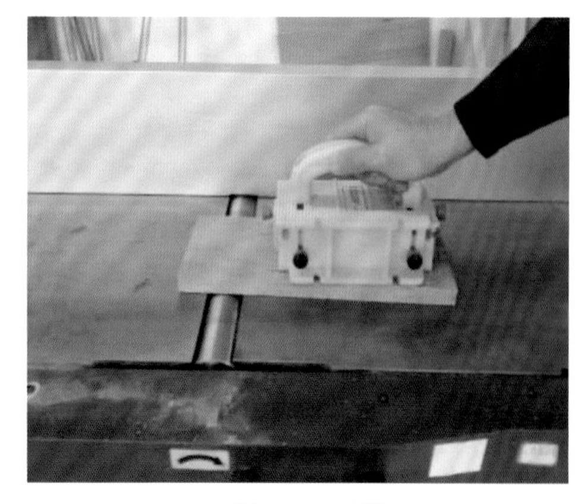

图 3-61 刨削

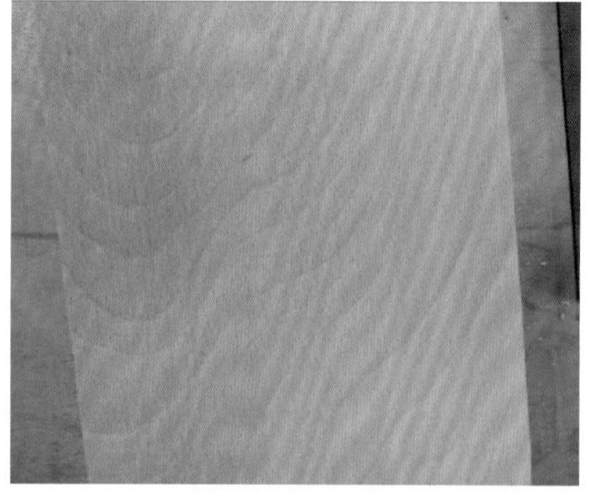

图 3-62 刨削效果

(3)松开平刨转压刨锁定杆(注意:左右各有一个),通过平刨转压刨抬高把手将平刨台面抬起,将集尘口翻转,将平刨转换成压刨状态(图 3-63)。通过旋转压刨深度调节轮调节压刨深度(图 3-64)。(注意:压刨也不能一次刨削太厚的木料,需要多次刨削达到所需的厚度，所以调节压刨深度时，需要留一定的余量。）

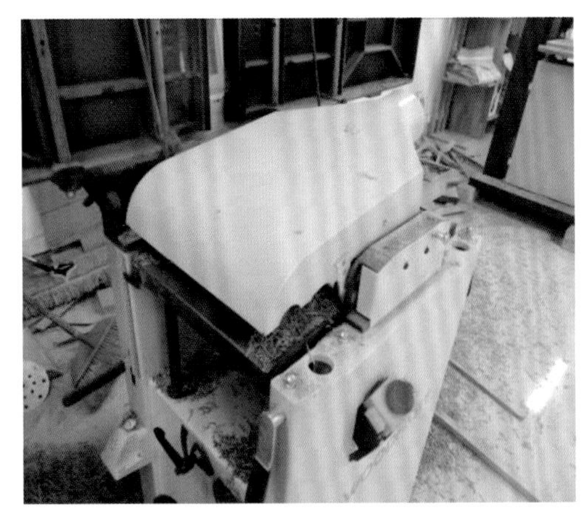

图 3-63　压刨状态

图 3-64　压刨深度调节

（4）开启机器后，将木板刨平的一面朝下，平稳地将木板从机器的左侧送入（图3-65），并保持其余台面平整，等进料轴抓住工件，松手让其自行送料并从出料口出料（图 3-66）。重复第（3）步和第（4）步，直至刨削到所需的厚度即可。

图 3-65　进料

图 3-66　出料

（六）方孔钻

方孔钻也称为开榫机，主要用来制作方正的榫眼。当然，制作榫眼也可以使用其他工具或设备，但使用方孔钻来制作方形榫眼比较方便快捷。方孔钻有台式和立式之分。台式方孔钻主要用来制作较小的榫眼；而立式方孔钻（见图 3-67）能制作的榫眼相对要大一些，能加工的材料尺寸也相对要大一些，立式的方孔钻也可用于工业化生产。方孔钻需要配备不同大小的方孔钻头，一般来讲，木工房常用的方孔钻头尺寸有 6 mm、8 mm、10 mm、12 mm 等(见图 3-68)。

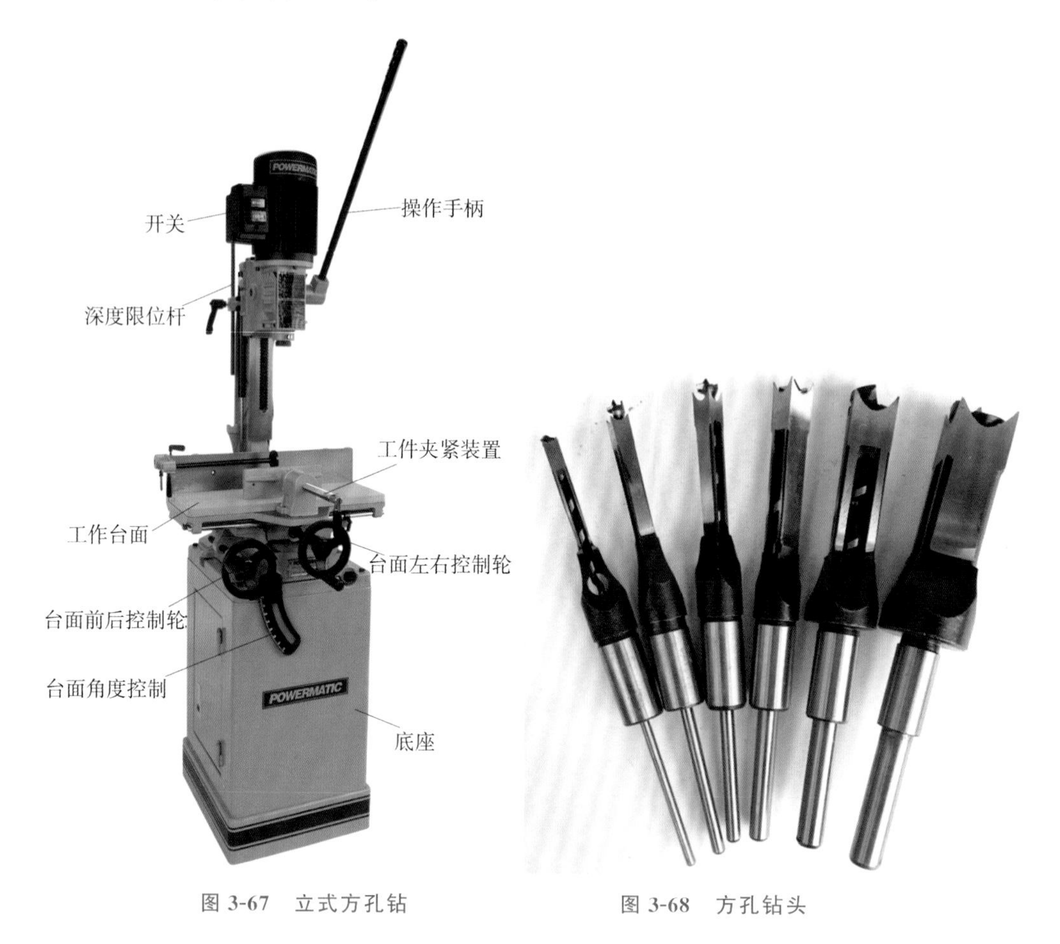

图 3-67　立式方孔钻

图 3-68　方孔钻头

1. 钻头更换

(1)打开方孔钻夹头侧边的金属片(图 3-69)，然后用螺丝刀拧松平头螺丝(见图 3-70 中红圈处)。

(2)将夹头钥匙插入夹头侧孔中，拧松夹头(图 3-71)，然后将钻头取下来(图 3-72)。

图 3-69 方孔钻侧边金属片

图 3-70 平头螺丝

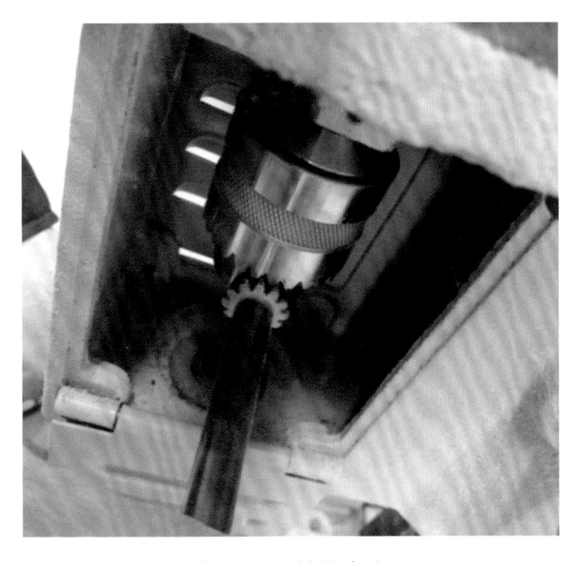

图 3-71 拧松夹头

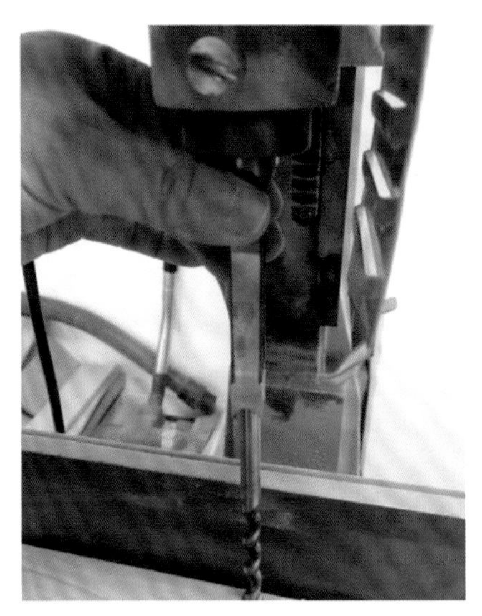

图 3-72 卸下钻头

(3)将新钻头由下方插入方孔钻(图 3-73),然后用螺丝刀轻轻锁上平头螺丝(图 3-74)。

图 3-73 安装新钻头

图 3-74 轻锁平头螺丝

（4）将方凿中的螺旋钻推入方凿中（图 3-75），使螺旋钻的尖顶部分露出来一点（超过方凿的顶部一点）（图 3-76）。

（5）锁紧夹头和平头螺丝（图 3-77 与图 3-78）。

图 3-75　装入螺旋钻

图 3-76　螺旋钻安装效果

图 3-77　锁紧夹头

图 3-78　锁紧平头螺丝

（6）如果方凿看起来有些倾斜，那么就松开平头螺丝，使用直角尺一边靠紧靠山，调整方凿与直角尺另一边对齐（图 3-79）。调整好后，锁紧平头螺丝（图 3-80）。

图 3-79　调整方凿

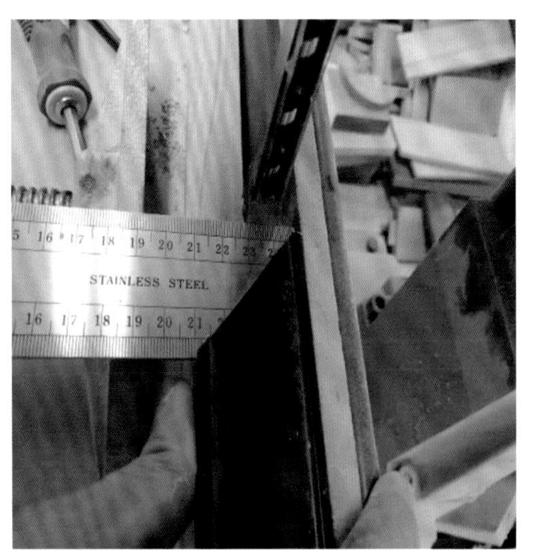

图 3-80　方凿调整效果

2. 方孔钻操作

(1)在木料上确定好方孔的位置和大小(榫眼的大小可根据方孔钻头的大小来确定),然后将方孔台面清理干净,通过工件夹紧装置将木料固定在台面上(图 3-81 与图 3-82)。

图 3-81　固定木料

图 3-82　木料固定效果

(2)压下操作手柄,使方孔钻头恰好贴在木料表面上(图 3-83)。调整深度限位杆,确定榫眼深度(图 3-84)。

图 3-83　使方凿贴在木料表面上

图 3-84　确定榫眼深度

(3)通过旋转台面左右控制轮和台面前后控制轮(图 3-85),使方孔钻头一侧对准所画榫眼线的边缘线(图 3-86)。

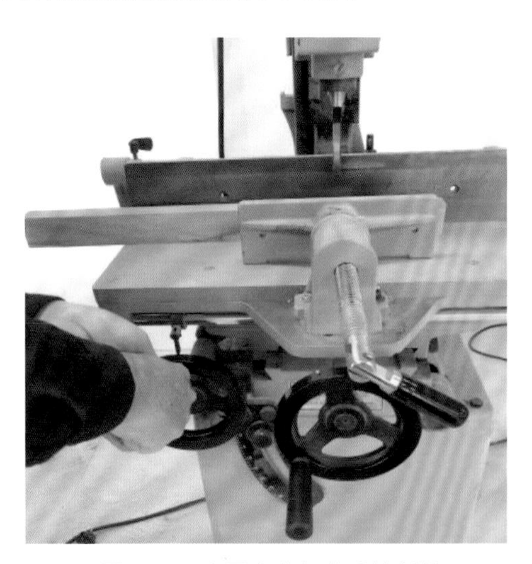

图 3-85　台面左右与前后控制轮

图 3-86　钻头对准榫眼线的边缘线

(4)用力压下操作手柄,使钻头钻到底,然后抬起手柄,旋转台面左右控制轮调整工件位置,继续按压操作手柄执行钻孔操作(图 3-87),按照此法,最后将整个榫眼制作完成(图 3-88)。

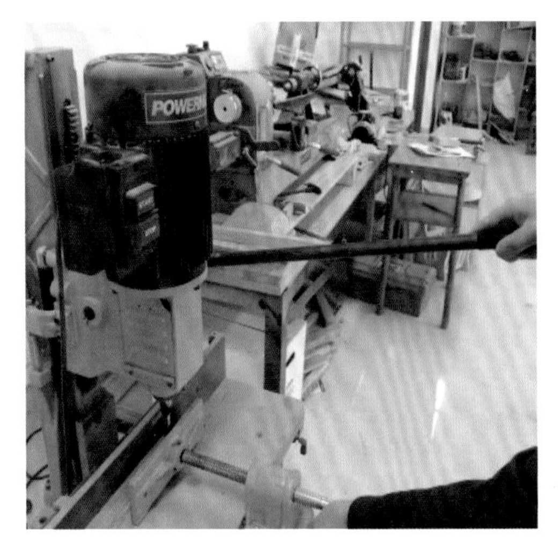

图 3-87　按压操作手柄

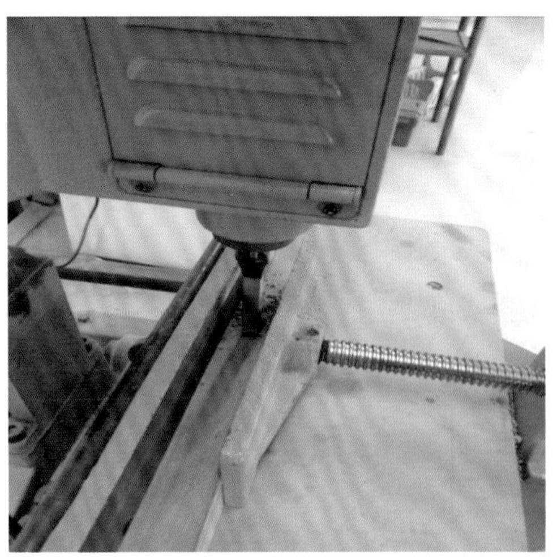

图 3-88　钻孔过程

(5)加工完成后的榫眼如图 3-89 所示。

图 3-89　钻孔效果

3. 方孔钻操作安全提示

(1)使用方孔钻作业时必须使用机器本身的夹紧装置或其他夹料具,不得直接用手扶料。

(2)机器开启后,严禁将手置于钻头底下。

(3)当凿心被木渣挤塞时,应将钻头立即抬起。

(4)当制作透榫时,工件下应垫一块平整的木板。

(5)清理木渣时,应用刷子或吹风机清理木渣,严禁用手掏。

(6)方孔制作完毕时,应先关闭机器电源,然后松开工件夹紧装置,再取走工件。

(七)台钻

台钻最主要的功能就是钻圆孔,它也是木工制作中非常重要的一个工具。虽然手电钻也能钻孔,但是台钻能连续钻垂直于台面的孔,还能制作一些大尺寸、特殊角度的孔,并且它的钻孔深度可以精确控制。台钻的操作较为简单，这里不再赘述，本书中使用的台钻如图 3-90 与图 3-91 所示。

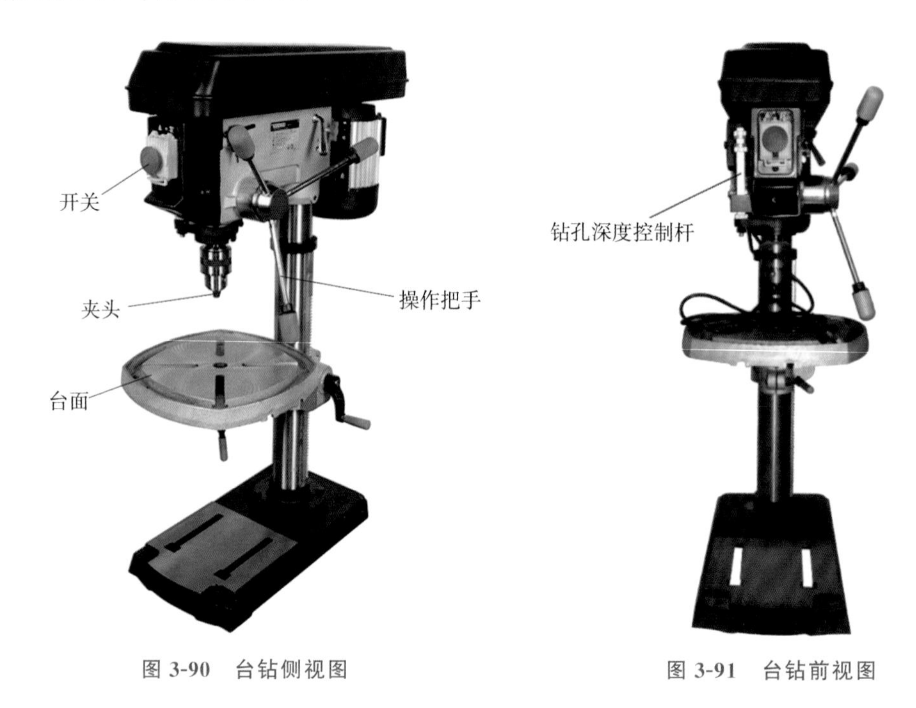

图 3-90　台钻侧视图　　图 3-91　台钻前视图

1. 钻头更换

(1)台钻需要经常更换钻头，使用前先准备好需要更换的钻头(图 3-92)和夹头钥匙(图 3-93)。

图 3-92　台钻钻头

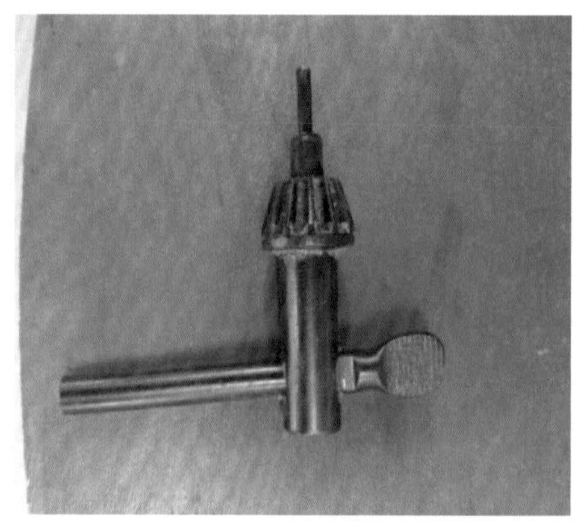

图 3-93　台钻夹头钥匙

(2)将夹头钥匙插入夹头的侧孔(图 3-94)，逆时针拧松夹头(图 3-95)。

图 3-94　台钻夹头侧孔　　　　图 3-95　拧松台钻夹头

(3)将所需更换的钻头插入夹头中，调整钻头插入的深度(图 3-96)，然后用夹头钥匙顺时针拧紧夹头(图 3-97)。

图 3-96　更换钻头　　　　图 3-97　拧紧夹头

(4)更换钻头后的夹头与整体效果分别如图 3-98 与图 3-99 所示。

2. 台钻操作安全提示

(1)更换台钻钻头时，一定要使用机器配套的夹头钥匙去拧松和拧紧钻头，并使其固定在恰当的位置。

(2)在进行钻孔时，一定要将工件夹紧在台面上。

(3)在台钻工作时，切勿将手置于钻头之下。

(4)使用台钻结束后，一定要先关闭机器，再取走工件。

图 3-98　更换钻头后的夹头

图 3-99　更换钻头后的整体效果

（八）铣机

铣机（图 3-100）是木料加工中一种经常使用的设备，既可以铣槽，也可以修边，还可以将木料加工成不同的造型和形状。它的功能非常强大。无论是在工作室，还是在工厂，铣机都是必不可少的设备。工作室使用的铣机比工厂使用的铣机要小，一般工作室使用的铣机有手持和倒装两种形式，本书中使用的铣机就是倒装形式的（图 3-101）。倒装铣机台上有一个可调节铣削深度的孔，配合倒装铣机架专门配置的摇柄，就可以通过摇柄来调节铣刀高低，从而实现对铣削深度的控制。

图 3-100　铣机

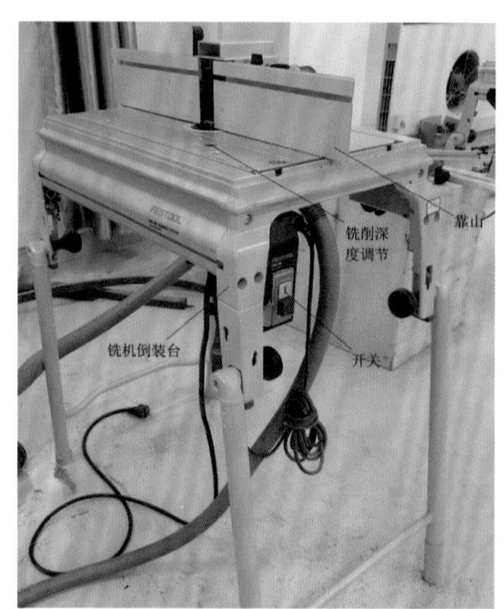

图 3-101　倒装铣机台

铣机需要配合铣刀使用，铣刀(见图 3-102 与图 3-103)的品种繁多，有些铣刀是可以直接购买得到的，但如果需要制作特殊或复杂的造型，就需要定制铣刀。常用的铣刀有直槽刀、带轴修边刀、圆角刀、燕尾刀、弧状倒角刀、开槽刀等。铣刀根据其柄径不同有不同型号，但主要以 6 mm、8 mm 和 12 mm 为主，不同柄径的铣刀需要配相应直径的夹头。本书中使用的铣刀柄径主要有 8 mm 和 12 mm 两种规格。

图 3-102　不同类型的铣刀

图 3-103　红色铣刀

图 3-104 与图 3-105 分别为直径 8 mm 和 12 mm 的夹头。

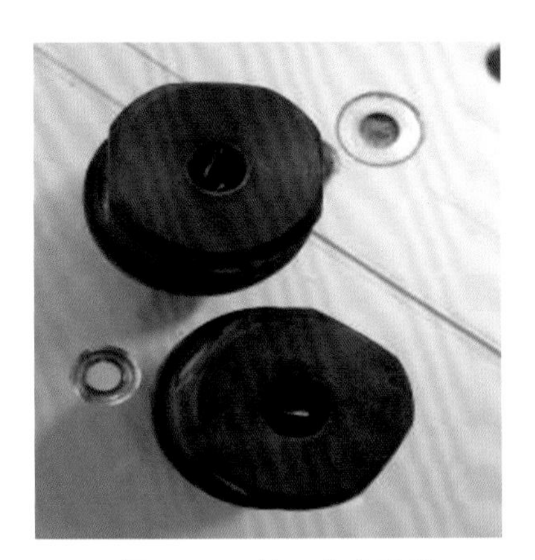

图 3-104　铣刀夹头顶部

图 3-105　铣刀夹头底部

1. 铣刀更换

在加工过程中，需要使用不同的铣刀加工工件或材料的不同部位，因此需要经常更换铣刀。铣刀的更换相对麻烦一些，大概需要 2～3 min。下面介绍在铣机倒装架上更换铣刀的步骤。

(1)首先将倒装架上的靠山拆掉(图 3-106)，使铣机倒装架台面保持整洁(图 3-107)。

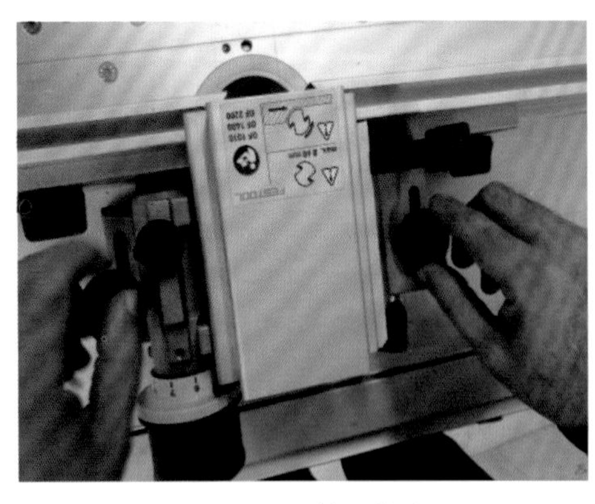

图 3-106　铣刀靠山

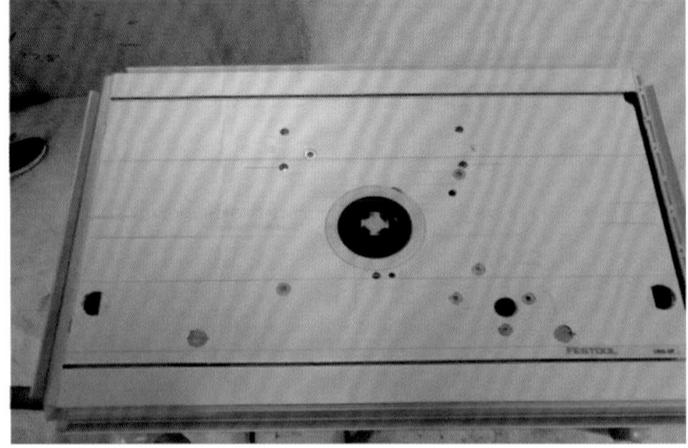

图 3-107　铣机倒装台面

(2)使用专门的铣机深度调节摇柄将铣刀调到最高位置(图 3-108),并将黑色垫圈拆掉(图 3-109)。

图 3-108　调整铣刀高度

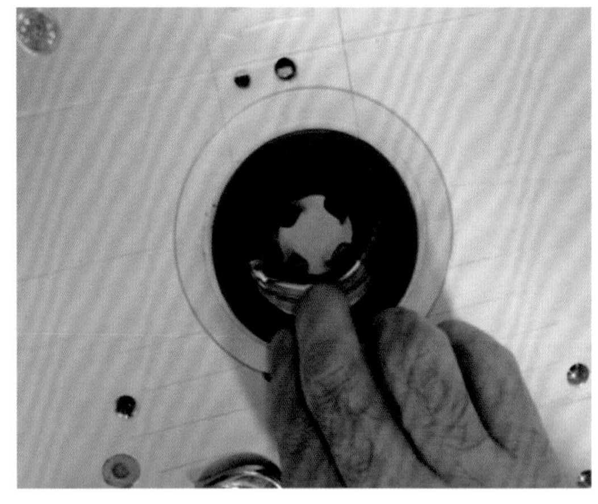

图 3-109　取出垫圈

(3)一只手按住夹头控制按钮箭头朝上的一侧(倒装时箭头朝上,见图 3-110),另一只手使用扳手用力拧主轴锁紧螺母(逆时针方向为拧松,拧松时需要较大的力气),将其拧松(图 3-111)。

(4)取出铣刀和夹头(图 3-112),然后将需要使用的铣刀插入夹头中,铣刀插入夹头的深度一定要超过柄长的一半以上(这样可以防止铣刀在高速旋转时弹出)(图 3-113)。

(5)将夹头和铣刀装入铣机主轴中,然后一只手按住夹头控制按钮箭头朝下的一侧(倒装时箭头朝下,见图 3-114),另一只手用扳手夹住主轴锁紧螺母,锁紧铣刀(顺时针方向为锁紧,见图 3-115)。这样铣刀就更换完成了,最后装上黑色垫圈和靠山即可。

图 3-110　按住夹头控制按钮(朝上)

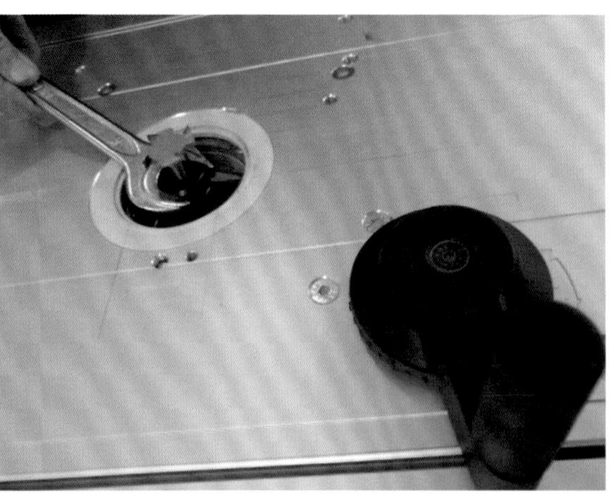
图 3-111　拧松主轴锁紧螺母

图 3-112　取出铣刀和夹头

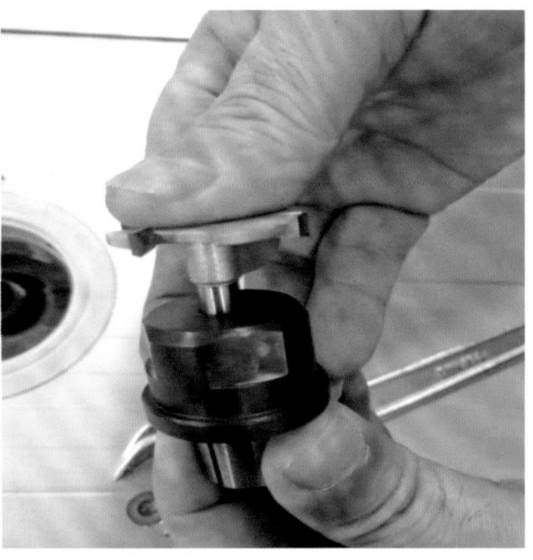
图 3-113　将新铣刀插入夹头中

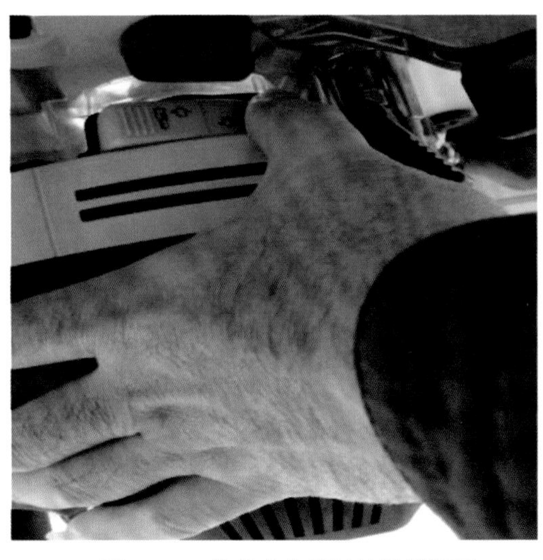
图 3-114　按住夹头控制按钮(朝下)

图 3-115　锁紧铣刀

2. 铣机操作：开槽

(1)使用深度调节摇柄(图 3-116)，将铣刀调整到需要的高度(可通过直尺来测量铣刀高出台面的高度，见图 3-117)

(2)调节靠山位置(图 3-118)，调节需要铣槽的深度(可使用直尺来测量铣刀刀刃外侧到靠山的距离，该距离就是槽的深度，见图 3-119)。

图 3-116　深度调节摇柄

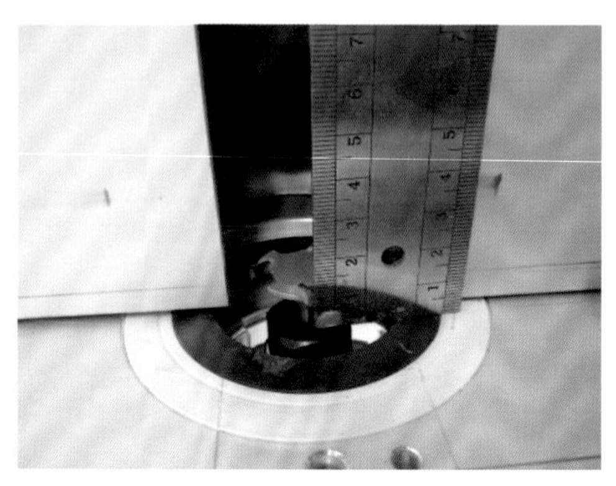

图 3-117　测量铣刀高度

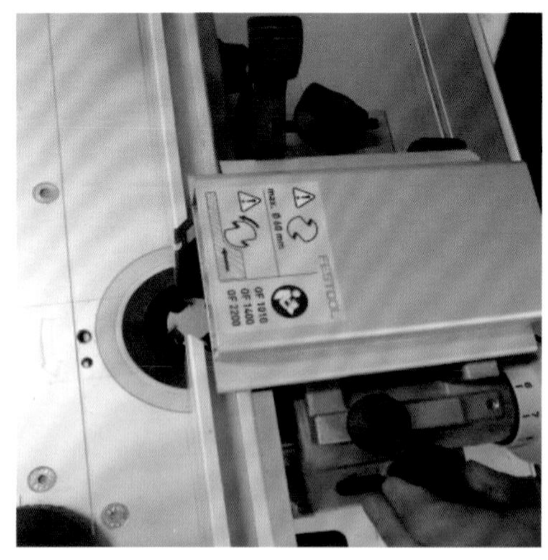

图 3-118　调节靠山位置

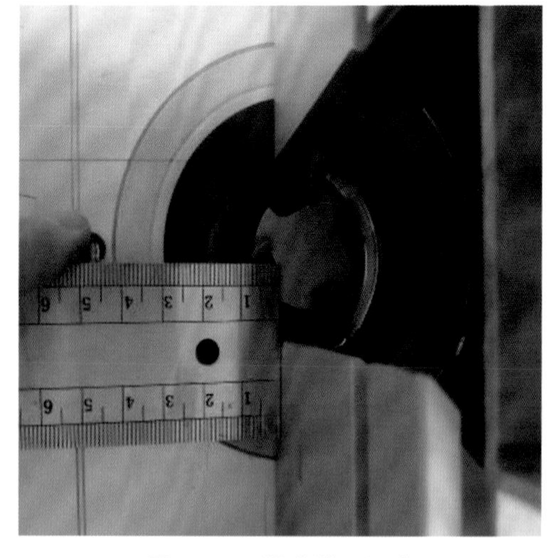

图 3-119　调节铣刀深度

(3)启动机器，先找一块材料预铣(图 3-120)，如果槽的位置符合要求，就推动材料匀速前进进行铣槽，铣槽效果如图 3-121 所示。如果预铣槽的位置不符合要求，就需要再重复第(1)步和第(2)步，重新调整铣刀的位置，直至其符合要求为止。

3. 铣机操作安全提示

(1)操作前应对机台的电路、开关、限位器等进行全面检查，并要试运行，检查各开

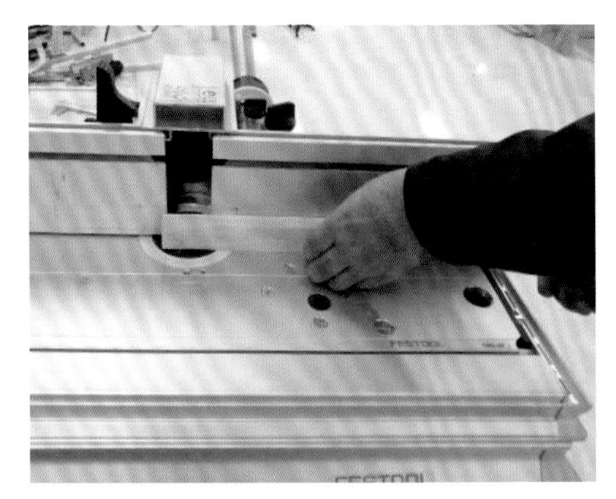

图 3-120 预铣

图 3-121 铣槽效果

关、按钮、限位装置等,确认良好,方可作业。

(2)检查铣削保护装置是否安装到位,使铣削更安全。

(3)必须保持台面整洁、干净、无杂物。

(4)使用摇柄调整铣刀的高度,以达到合适的铣削高度。

(5)工件移动的方向必须与铣刀旋转的方向相反。

(6)推动工件进行铣削时,手不能靠近铣刀并且身体不能趴在台面上。如工件较长,则需借助其他辅助工具来推动工件进行铣削。

(7)当工件铣削完毕时,必须先关闭机器的电源。

(九)多米诺开榫机

多米诺开榫机是用于制作特定大小榫眼的机器,通过在两个工件上各打一个或几个特定大小的榫眼,配合使用预制的榫片,就可以将两个工件连接起来。它的优点是能快速地将两个部件连接起来。与传统的榫卯相比,具有省时省事的优点。多米诺开榫机不仅可以用于打孔,也可以用于开槽。多米诺榫机有 DF500 与 DF700 两种规格型号,本书中使用的是 DF500,其形制如图 3-122 与图 3-123 所示。

多米诺开榫机配有专门的刀头(图 3-124),不同的刀头制作出来的榫眼需要配相同尺寸的榫片。多米诺榫片有 5 mm(榫片的厚度)×30 mm(榫片的长度)×19 mm(榫片的宽度)、6 mm×40 mm×19 mm、8 mm×40 mm×21 mm、8 mm×50 mm×21 mm、10 mm×50 mm×23 mm 等规格(图 3-125)。我们使用较多的是 5 mm×30 mm 规格的榫片,本书中只使用了该规格的榫片。

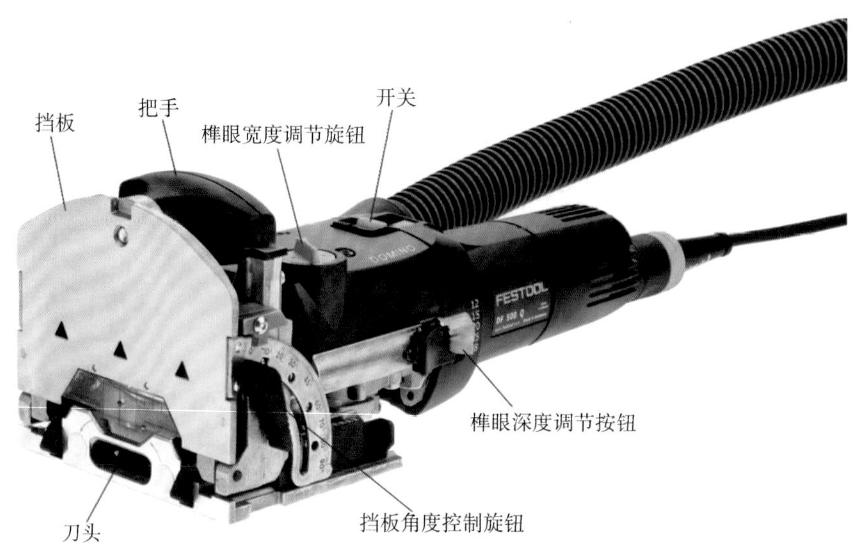

图 3-122　多米诺开榫机

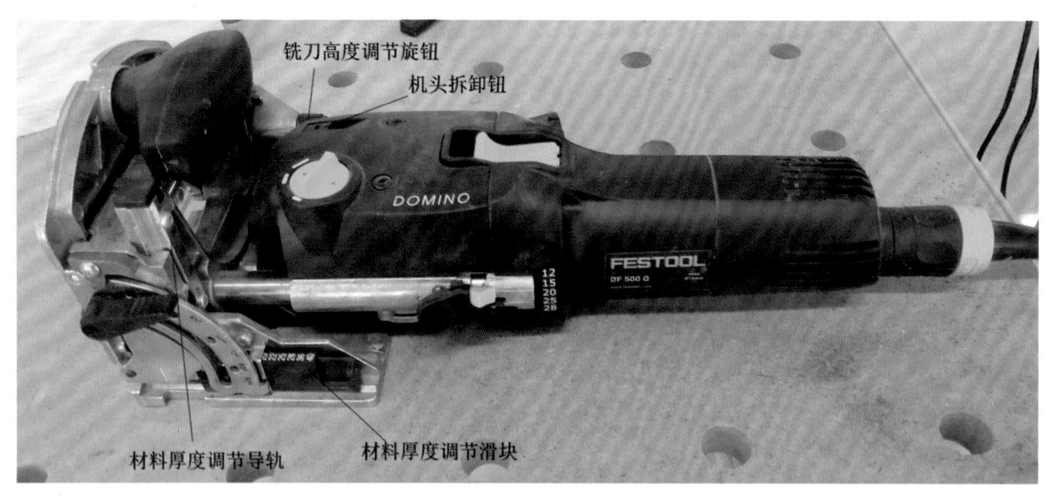

图 3-123　多米诺开榫机各部分名称

图 3-124　多米诺开榫机刀具

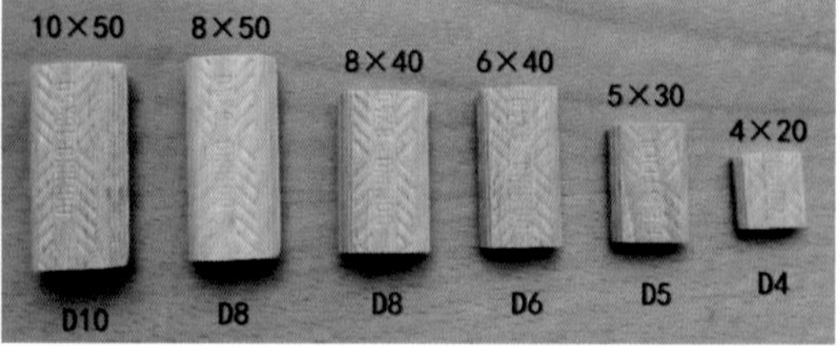

图 3-125　多米诺榫片

1. 刀头更换

使用多米诺开榫机制作不同规格的榫眼要用不同的刀头进行加工，需要更换刀头。更换机器的刀头相对较为容易，其步骤如下：

(1)使用机器自带的小扳手勾起机头拆卸钮(图 3-126),即可将机头部分拆卸下来(图 3-127)。

图 3-126　勾起机头拆卸钮

图 3-127　拆卸效果

(2)一只手按住刀头锁定按钮,另一只手用机器自带的扳手按逆时针方向松开刀头,然后更换所需要的刀头,按顺时针方向锁紧刀头(图 3-128)。

(3)按原路将机头套回机器,听见“咔嚓”一声后即可,铣刀就更换完成了(图 3-129)。

图 3-128　更换刀具

图 3-129　组装机器

2. 多米诺开榫机操作:在板的侧边水平打孔

(1)在板上画一条直线,该线就是确定侧边孔中心位置的线(图 3-130 与图 3-131)。

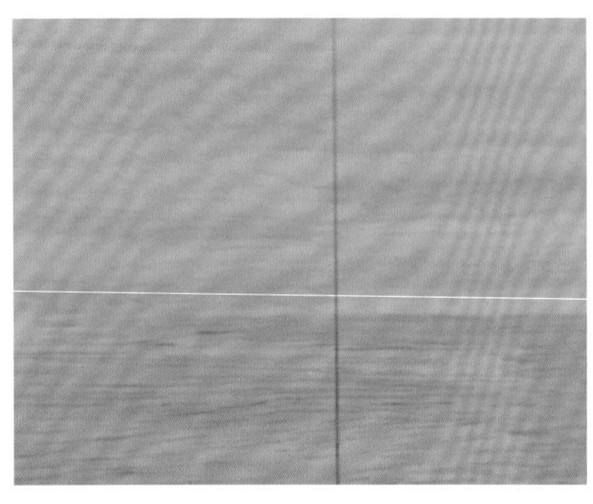

图 3-130　画线

图 3-131　画线效果

(2)松开铣刀高度调节旋钮(图 3-132),调整挡板位置,挡板位置根据材料厚度来设定,如材料厚度为 18 mm,则指针调节在 9 mm 位置(材料厚度的一半)即可(图 3-133)。

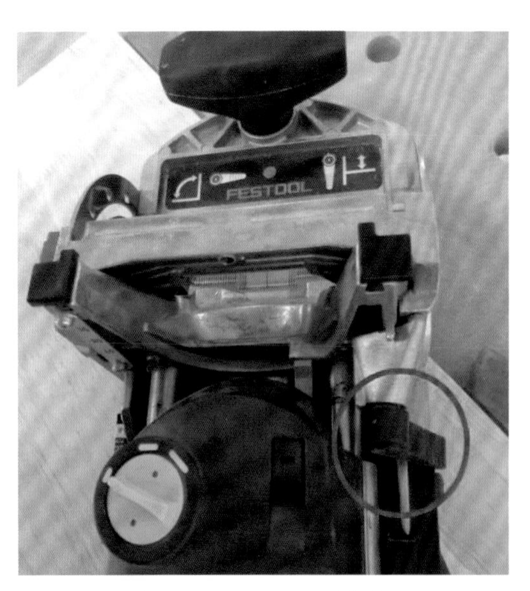

图 3-132　铣刀高度调节旋钮

图 3-133　调节挡板位置

(3)调整榫眼宽度调节旋钮(最小即可,见图 3-134),调整打孔深度(本案例中设置为 15,见图 3-135)。

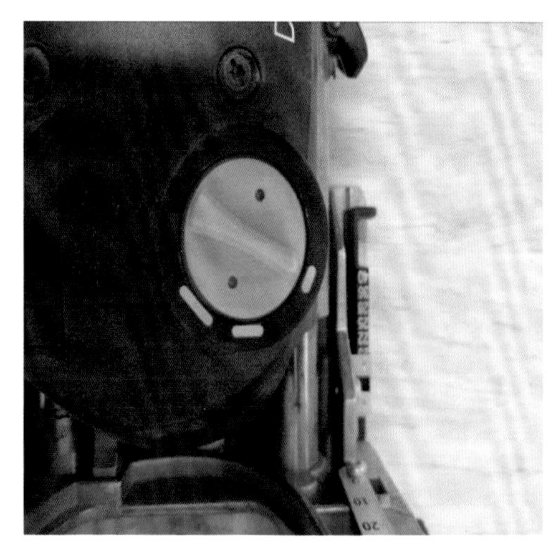

图 3-134　榫眼宽度调整按钮

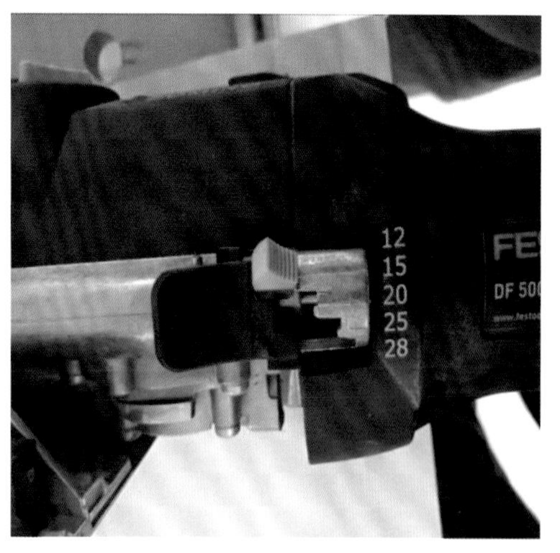

图 3-135　调节打孔深度

(4)用夹具夹紧工件,固定在工作台面上。将挡板调节成水平状态,使挡板上的中线对准第(1)步中所画的线(图 3-136)。连接电源与吸尘器,开启机器,一只手按住挡板上的把手,另一只手推动机器匀速前进,直至打孔完成(图 3-137),关闭机器。

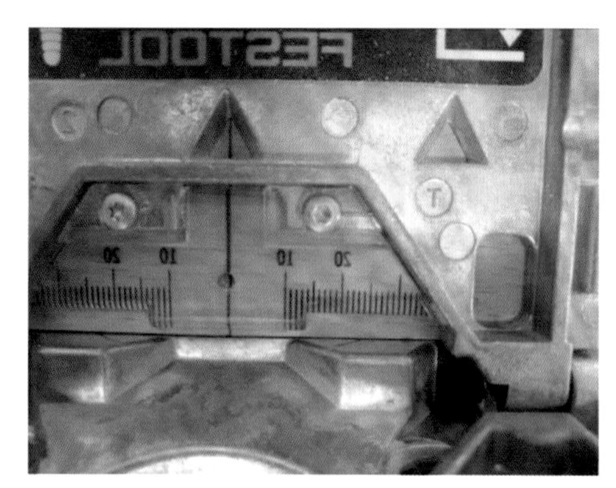

图 3-136　对准所画的线

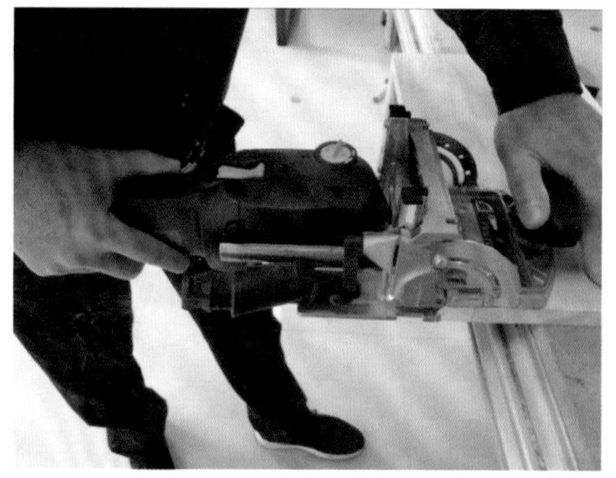

图 3-137　打榫眼

(5)打孔后的效果如图 3-138 所示。

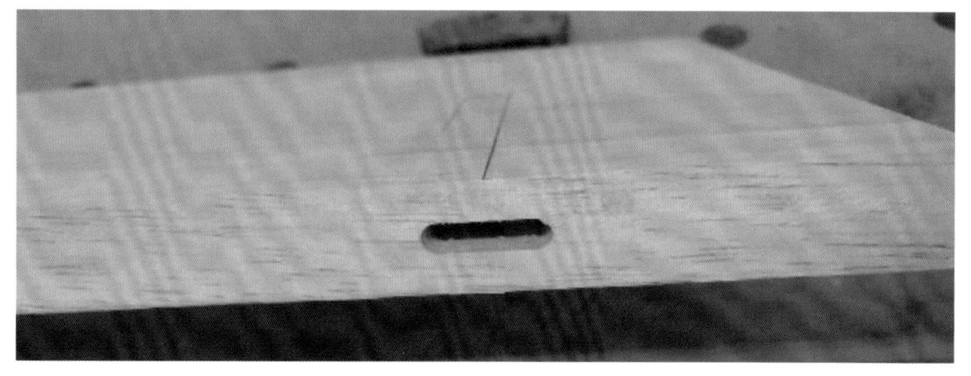

图 3-138　榫眼效果

3. 多米诺开榫机操作:在板上垂直打孔

(1)在需要打榫眼的位置处(榫眼中心处)画两条互相垂直的直线(图 3-139),然后以其中的一条为参考,画一条与其平行且相距 10 mm 的直线,如图 3-140 所示。

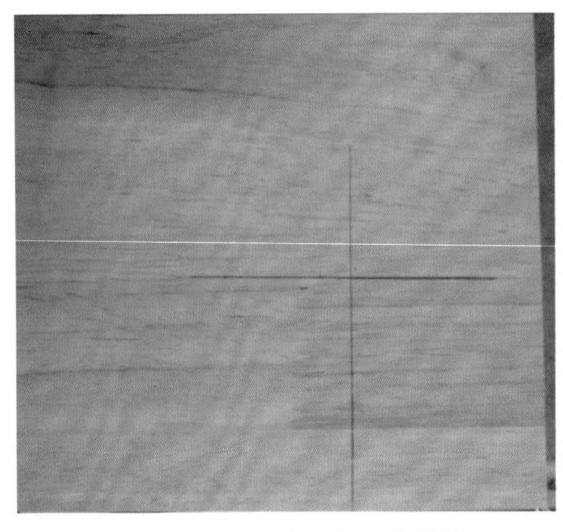

图 3-139　画两条互相垂直的线

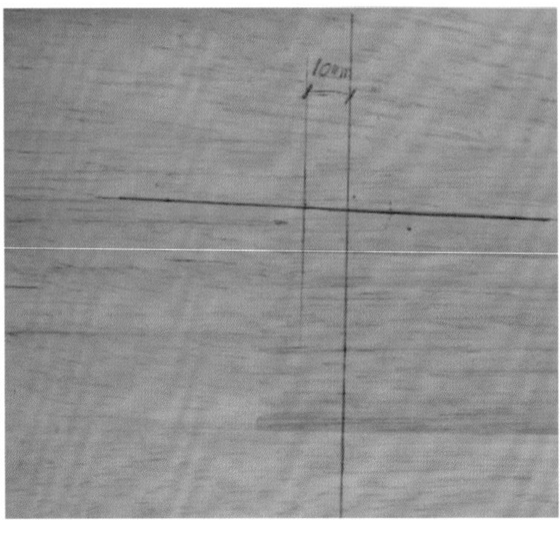

图 3-140　平行且相距 10 mm 的线

(2)将挡板调节成垂直状态(图 3-141),设置榫眼深度为 15(图 3-142)。

图 3-141　调节挡板为垂直状态

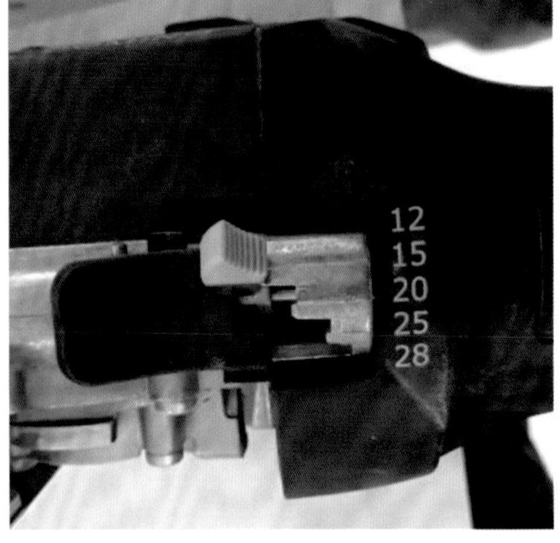

图 3-142　设置榫眼深度

(3)连接电源,将机器垂直压在板件上(图 3-143),开启机器,将机器挡板边缘对齐第(1)步所画的偏移 10 mm 的线,挡板中间的线对齐与其垂直的线(图 3-144)。对好线后,匀速按压机器,直至打孔完成,然后关闭机器。

图 3-143　立置机器

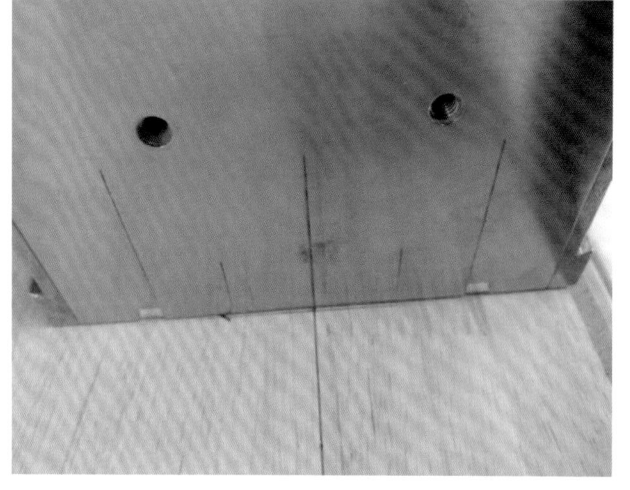

图 3-144　对齐所画的线

(4)打孔效果如图 3-145 所示，插入多米诺榫片，效果如图 3-146 所示。

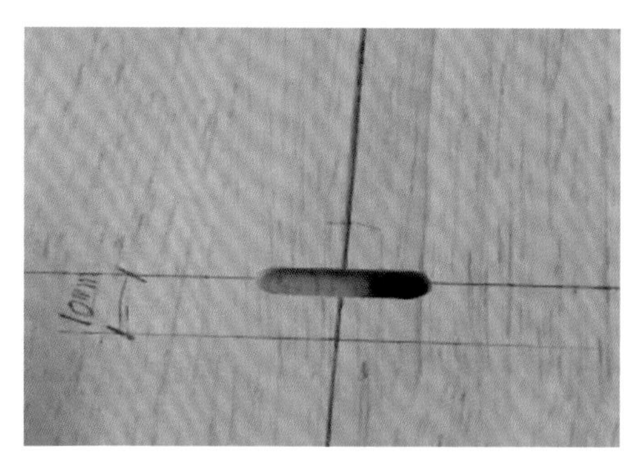

图 3-145　打孔效果

图 3-146　插入榫片

4. 多米诺开榫机操作安全提示

(1)保持警觉，当操作设备时要关注所从事的操作并保持清醒。

(2)防止意外启动。确保开关在连接电源和搬运(拿起)工具时处于关断位置。

(3)在电动工具接通之前，拿掉所有的调节工具。

(4)操作时，手不要伸得太长，时刻注意保持身体平衡。

(5)着装适当。不要穿宽松衣服或佩戴饰品，衣服、手套和头发应远离运动部件。

(6)保持切削刀具的锋利和整洁。

(7)在加工完毕后，一定要先关闭电源，再来进行其他操作。

(十)打磨机

图 3-147　打磨机

打磨机(图 3-147)是木工制作中必不可少的工具,也是使用频率非常高的设备。它能将材料的表面打磨平整、光滑。打磨机需要配合不同目数的砂纸使用,在首次打磨时,应先用目数较低的砂纸进行粗打磨,粗打磨之后,可以使用目数更高的砂纸进行细打磨。一般的木质家居产品,我们进行两至三次打磨即可。使用较多的砂纸有 150 目、180 目、240 目、320 目等("目"是表示砂纸的粗糙程度的,目数越高,砂纸越细)。打磨机是安全性较高的设备,它的操作非常容易,更换砂纸也非常简单。

1. 砂纸更换

打磨机上有一些大小不一的孔(图 3-148),这些孔是用来吸尘的,专用的砂纸上也有一系列同样大小的孔,更换砂纸时,只需要将原先的砂纸撕下来(图 3-149),然后将砂纸的孔对准打磨机上的孔,粘上去即可。

图 3-148　打磨机底部吸尘孔

图 3-149　更换砂纸

2. 打磨机操作

打磨机的使用非常简单，首先将板件用夹具固定在工作台面上（也可以用手按压住板件），然后将机器连接电源与吸尘器，开启机器，用手按压住打磨机在板件上进行打磨（注意：不要使劲在一个地方打磨，要边打磨边移动打磨机，均匀地将板件表面打磨光滑，如图 3-150 与图 3-151 所示）。

图 3-150　打磨工件

图 3-151　打磨不同工件

（十一）砂带机

砂带机（见图 3-152 与图 3-153）也是用于打磨的设备，它主要由两个滚轴带动砂纸转动进行打磨。砂带机可以快速地砂磨掉多余的木料，尤其是不好锯切但又需要去除部分材料的小工件，使用砂带机打磨掉就比较方便。但是砂带机很难控制，很容易将材料表面打磨得凹凸不平。

1. 砂带更换

更换砂带操作简单，其步骤如下：

（1）在砂带机一侧有一个更换砂带的控制杆，握住控制杆（图 3-154），用力推动控制杆至其不能移动为止。此时砂带轮会错位，松开砂带（图 3-155），将砂带取出，更换新砂带即可。

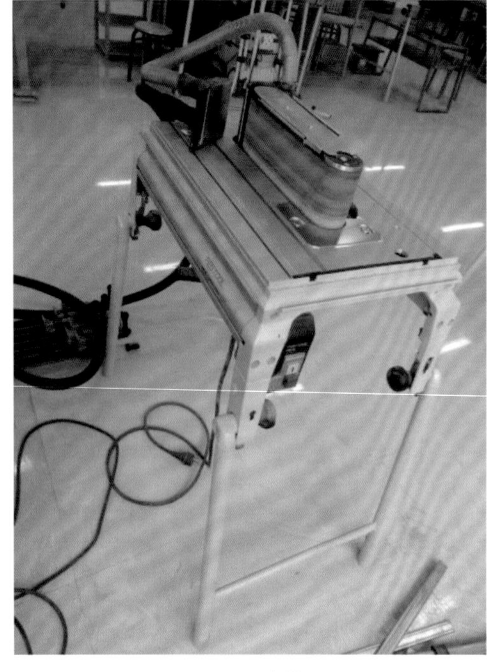

图 3-152　砂带机 1

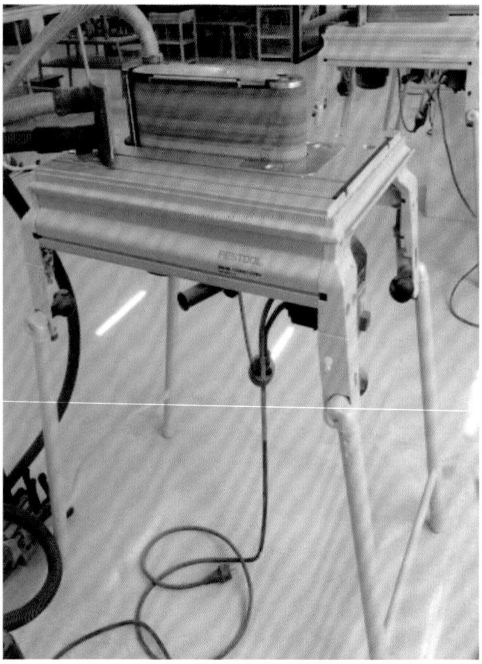

图 3-153　砂带机 2

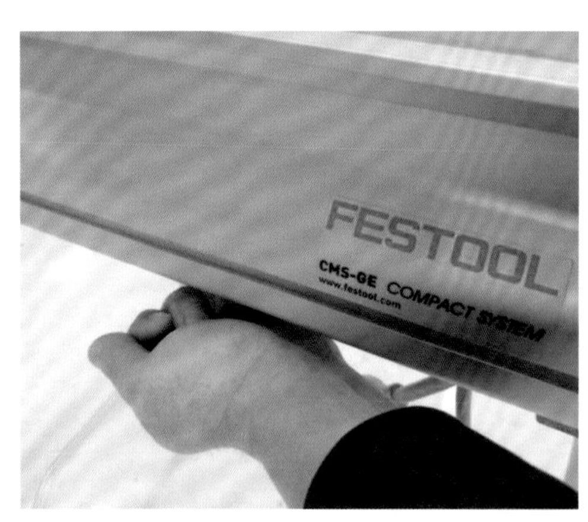

图 3-154　砂带更换控制杆

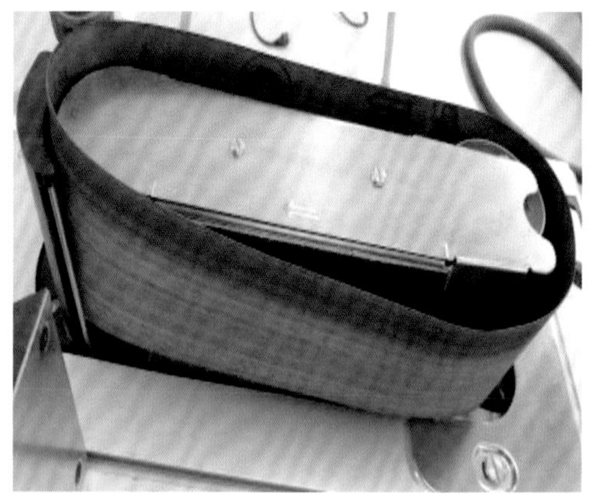

图 3-155　砂带松开

(2)扳回控制杆(图 3-156),砂带轮绷紧砂带(图 3-157)。

(3)开启砂带机,观察砂带在砂轮上的位置(图 3-158)。如果砂带与砂轮不齐平,可在砂带机运行时旋转砂带上下位置控制旋钮(图 3-159)(在砂带机底部,砂带机电机旁),使其与砂带机的砂轮齐平。

图 3-156　扳回控制杆

图 3-157　砂带绷紧

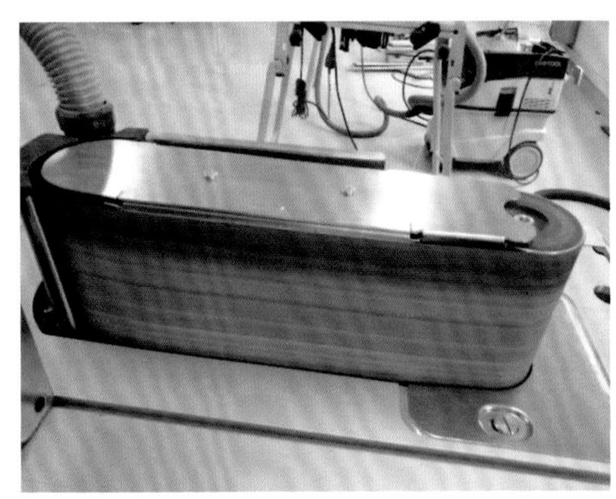

图 3-158　砂带机运行

图 3-159　砂带上下位置控制旋钮

2. 砂带机操作安全提示

(1)操作前应对机台的电路、开关、限位器等进行全面检查,并要试运行,检查各开关、按钮、限位装置等,确认良好,方可作业。

(2)开动机器前,需确保机器电源接通,机器与吸尘器连接完好。

(3)机器开启后,只允许一个人进行砂磨作业,不要两人或多人同时进行砂磨作业。

(4)机器运行后不能随意调整吸尘口的位置。

(5)砂磨时应戴好防尘口罩等防护装置。

(6)不能使用该机器砂磨金属、石头、水泥和其他尖锐物体。

(7)应使用合适的力度推动工件进行砂磨,不能过度用力压住工件进行砂磨。

(8)作业结束后,应及时关闭机器电源。

(十二)角磨机

角磨机(图 3-160)也是一种非常实用的电动工具。它可以通过更换磨切片来实现许多功能,既可以用来进行砂磨,也可以用于切割,应用非常广泛。本书中使用的角磨机主要用于打磨。角磨机虽然非常实用,但是它运行时磨切片裸露在外,并且转速非常高,操作时一定要遵守相关安全规范。

图 3-160　角磨机

角磨机操作安全提示:

(1)保持良好的精神状态,切勿在酒后、疲劳、有药物反应等情况下进行操作。

(2)使用角磨机之前要检查角磨机的开关是否灵敏,电源线是否完好,砂轮片是否完好。

(3)使用过程中,确保电源线在机器后面,尤其要远离磨片。

(4)扎紧工作服衣角及袖口,留有长头发的须盘起,不要戴首饰进行操作。

(5)开启工具电源后,必须等工具运行平稳后再进行砂磨操作。

(6)控制打磨方向,防止产生的灰尘或火花伤及他人。

(7)工具启动后,若出现明显颤动或其他异常,应立即停机,排除故障后方可继续操作。

(8)打磨结束后,应立即关闭工具电源。放置工具时,应将磨片朝上进行摆放,切勿将磨片朝下进行搁置。

(十三)吸尘器

吸尘器(图 3-161)是一个木工工作室或工坊里必不可少的设备,它能有效地吸走大部分的灰尘,使操作环境相对干净。本书中使用的吸尘器是 FESTOOL 专用吸尘器,它主要配合 FESTOOL 的其他工具设备使用,既能给 FESTOOL 的设备提供电源,同时又能将设备工作时产生的大部分灰尘吸走。它可以进行移动,能配合不同的设备使用。

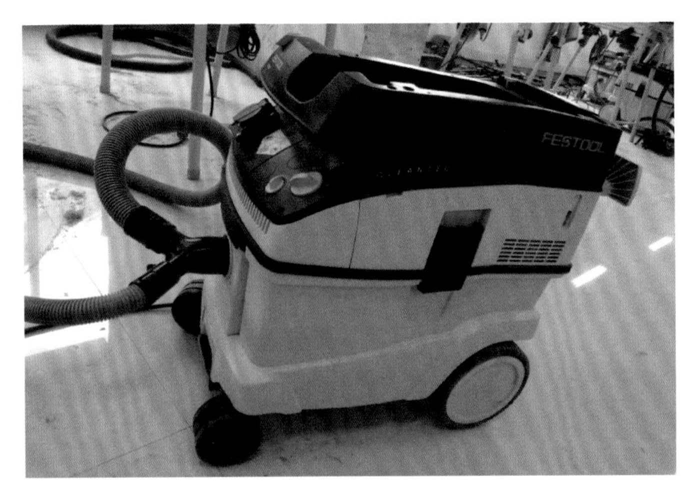

图 3-161 吸尘器

(十四)霍夫曼燕尾榫机

霍夫曼燕尾榫机(图 3-162)能快速地制作燕尾榫,并通过特制的燕尾榫连接件将工件连接起来。霍夫曼燕尾榫外形采用双燕尾结构,并且表面有倒齿。这种结构保证在使用时有足够的拉力,同时采用特殊材质,能延长产品在连接时的使用寿命。

霍夫曼燕尾榫在使用时,先要在部件的端面上一边开一个半槽,在端面上涂上胶,对齐后插入特制的燕尾榫即可完成连接(图 3-163)。一个工件的连接仅需几秒钟即可完成,不需要等待胶固化,这样做可节约生产时间,方便快捷。

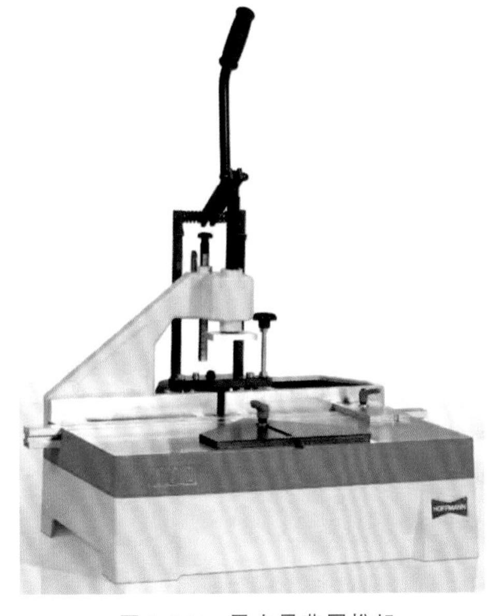
图 3-162 霍夫曼燕尾榫机

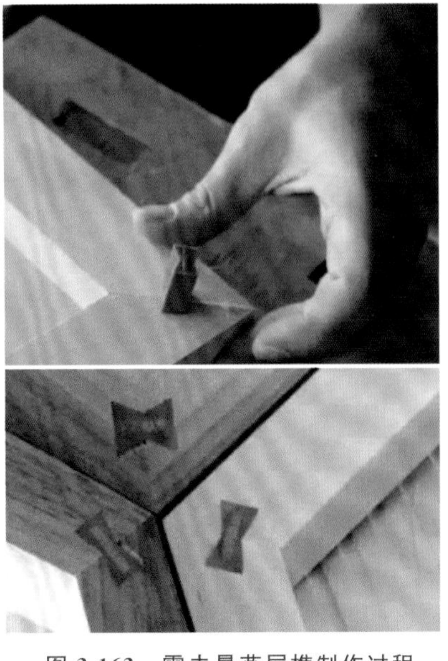
图 3-163 霍夫曼燕尾榫制作过程

三、手动工具与配件

木工操作所需要的工具相对较多，也比较杂，除了需要使用电动工具外，还需要一些手动工具。这些手动工具相对较小，但种类较多。由于这些工具使用相对简单，这里就不一一详细介绍了。下面介绍一些常用的手动工具与相关配件。

(一)夹具

夹具(图 3-164)是木工或夹具制作中必备的一类工具，在加工过程中固定工件时就需要用到夹具，在组装和拼板时尤其有用。夹具有大有小，不同型号规格的夹具要尽可能多配备一些。

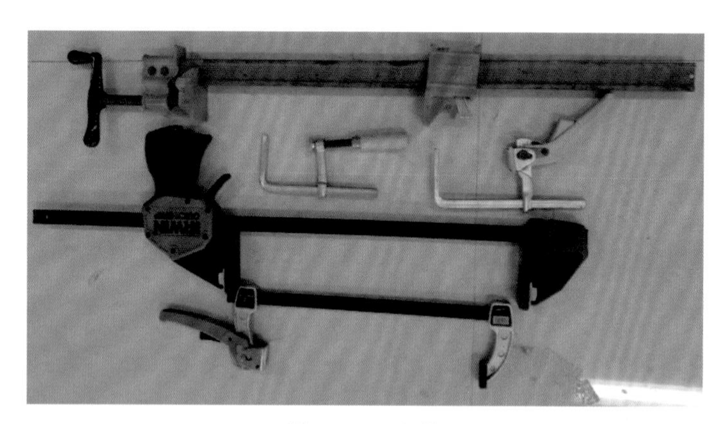

图 3-164　夹具

(二)量具与画线辅助工具

测量工具在画线和加工过程中需要反复使用。我们一般需要配备直尺、卷尺、直角尺(图 3-165)和游标卡尺(图 3-166)、圆规(图 3-167)等基本的测量和画线辅助工具。

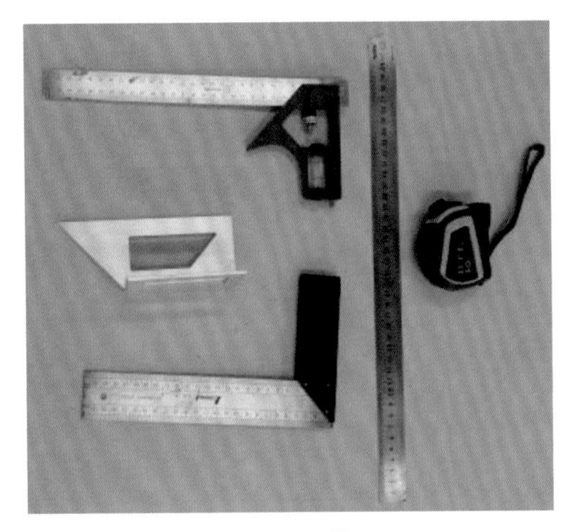
图 3-165　量尺

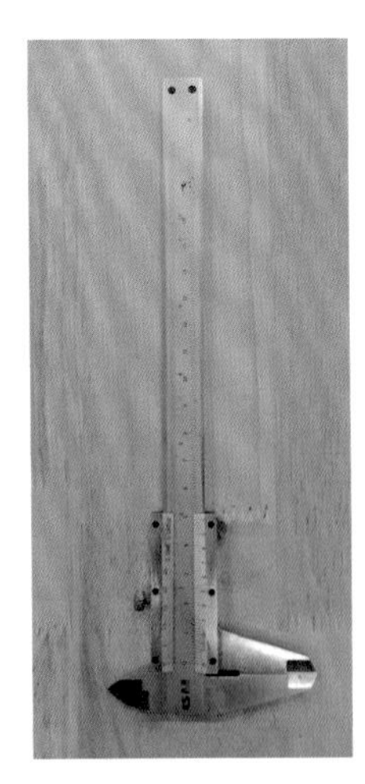
图 3-166　游标卡尺

图 3-167　圆规

(三)凿子与雕刻刀

凿子(图 3-168)在用于手工切割和修整接合处时非常有用,如修整榫头、榫眼等。凿子的好坏主要取决于其刀片的钢材和其手柄的耐久性。尤其钢的质量是最重要的,好的钢材和刀刃能使加工的部位光洁平整,使其能使用较长时间。雕刻刀(图 3-169、图3-170)则是塑型的好工具,它能方便地修整木头,从而制作所需的造型。

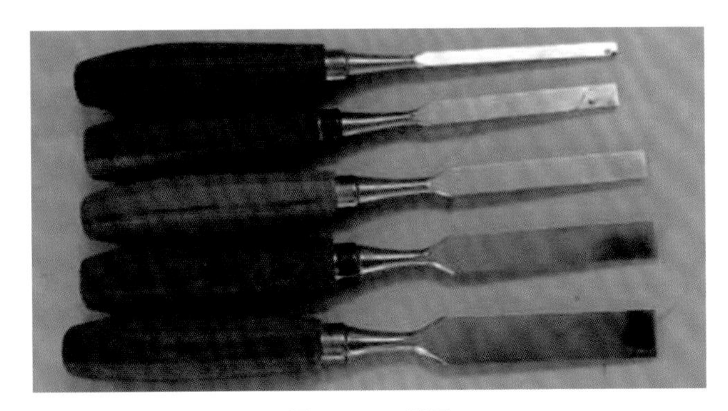
图 3-168　凿子

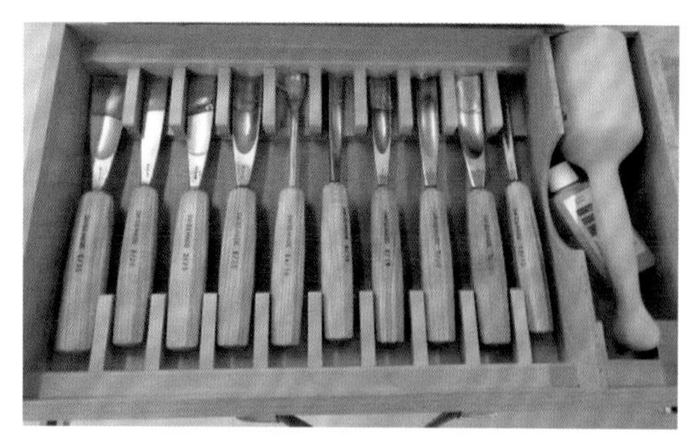
图 3-169　雕刻刀

图 3-170　雕刻刀放大图

(四)手刨

本书中的案例使用手刨(图 3-171、图 3-172)较少,大部分的刨平工作主要通过平刨和压刨来完成。我们主要使用的手刨是欧式手工刨。欧式手工刨为铸铁刨体,并配有刨刀深度及横向调节系统,使用及调整都非常简单,即便对于木工新手来说也非常容易上手。它与中式刨相比,具有坚固耐用、调整方便、操作方便等优点。

图 3-171　欧式手工刨

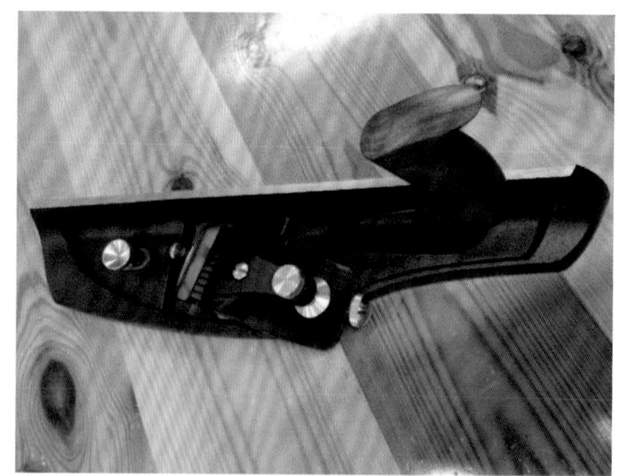
图 3-172　边刨

(五)锤子

锤子是敲打工具。一般来讲需要木锤(图 3-173)、橡胶锤(图 3-174)和铁锤(图 3-175),不同的锤子有不同的作用,需要根据实际需要来使用不同的锤子。

图 3-173　木锤

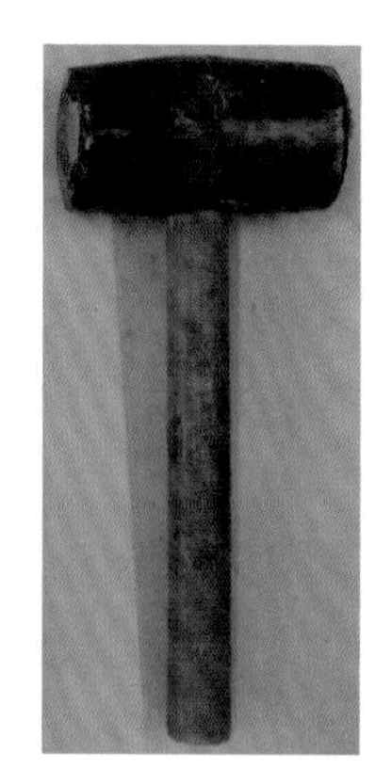

图 3-174　橡胶锤

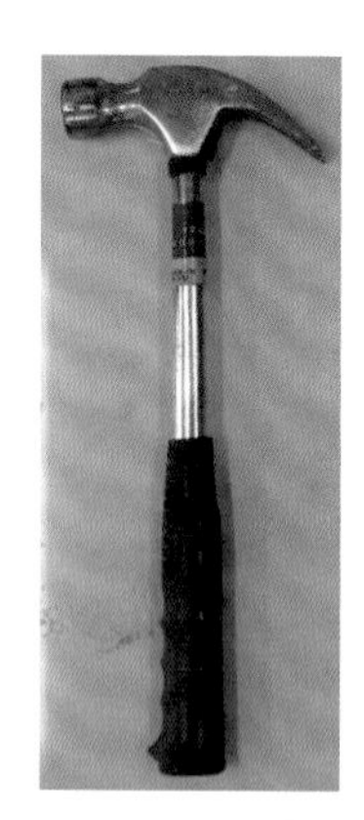

图 3-175　铁锤

(六)手锯

手锯(图 3-176)有许多类型,如手板锯、夹背锯、弓锯、双刃锯等。不同的锯用于不同的操作,在制作榫头时,尤其手工制作燕尾榫时,就需要用到手锯,但要想锯切出精准的锯路,需要反复练习。本书中主要使用的就是日本的夹背锯。

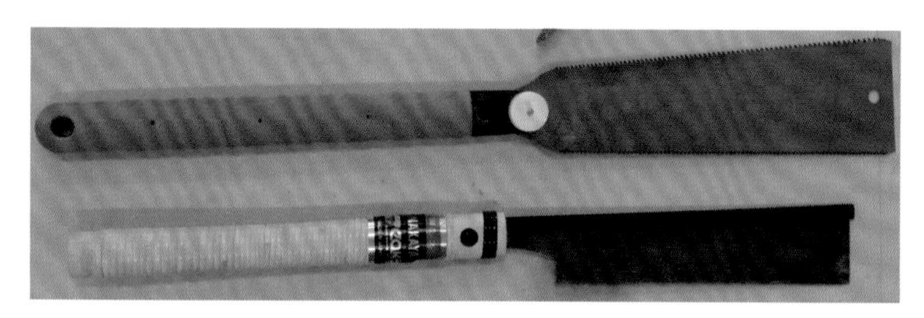

图 3-176　手锯

(七)剪刀、美工刀、螺丝刀、钳子

剪刀、美工刀、螺丝刀、钳子如图 3-177 所示。

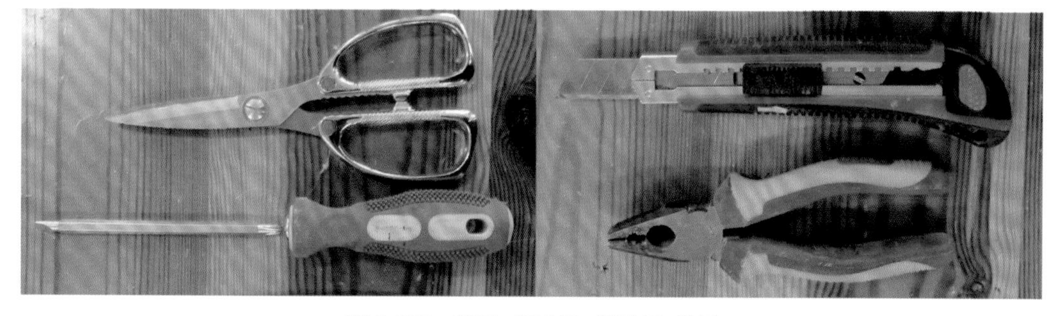

图 3-177　剪刀、美工刀、螺丝刀、钳子

(八)砂纸

砂纸有不同的目数,我们主要使用 150 目、180 目、240 目、320 目几种。图 3-178 右侧的砂带是砂带机使用的砂带,为 120 目,相对较粗,适合粗磨。

图 3-178 砂纸与砂带

(九)胶水

胶水(图 3-179、图 3-180)种类较多,不同的胶水也有不同的用途,本书中的案例主要使用三种胶水:第一种是聚氨酯胶粘剂,该胶由两组配方组成,需要按一定的比例将两组配方进行配制,配制好后的胶水胶粘力强,并且具有一定防水性;第二种是肽棒,肽棒具有快干、胶粘力强、环保等特点,也具有一定的防水性,使用较为广泛;第三种就是白乳胶,白乳胶使用广泛,价格便宜,固化时间相对较短,但防水性相对较差。

图 3-179 聚氨酯胶粘剂与肽棒

图 3-180 白乳胶

(十)木蜡油

木蜡油(图 3-181)主要对木制品起保护作用,在完成所有工序后,就可以对木制品擦一层木蜡油,一方面可以保持木制品的色泽,另一方面也可以在一定程度上防止木制品干裂湿胀。

图 3-181　木蜡油

(十一)木工桌

木工桌(图 3-182、图 3-183)要坚固耐用,能防止较大的冲击,因为在木工制作过程中,需要经常使用木槌等工具进行敲击。最好使用那种有木工桌钳的木工桌,其自带的夹具可以用来固定工件,使用起来比较方便。

图 3-182　木工桌

图 3-183　FESTOOL 工作台

下篇：

实践操作

第四章
砧板制作

本章我们要制作一块 800 mm×500 mm×20 mm 的砧板，这块砧板尺寸较大，能方便制作包子馒头等面食，制作完成的效果如图 4-1 所示。

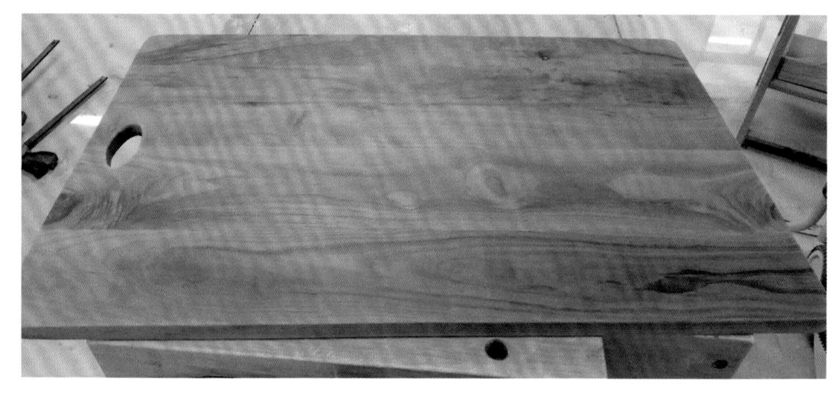

图 4-1　砧板

制作步骤如下：

(1)寻找合适的材料，使用型材切割锯将其切割成长度大于 800 mm 的木料，根据材料的宽度，我们需要准备五块木料，使得其宽度总和大于 500 mm，材料的厚度要大于 20 mm。切割好的材料如图 4-2 与图 4-3 所示。

图 4-2　木料

图 4-3　切割后的木料

(2)将其中一块材料的一面用平刨刨平(图 4-4),然后将刨平的一面靠紧靠山,将其中一个侧面刨平(图 4-5)。

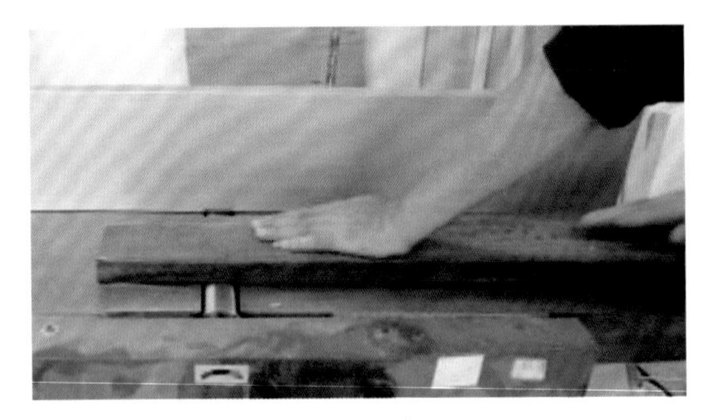

图 4-4　刨平其中一面

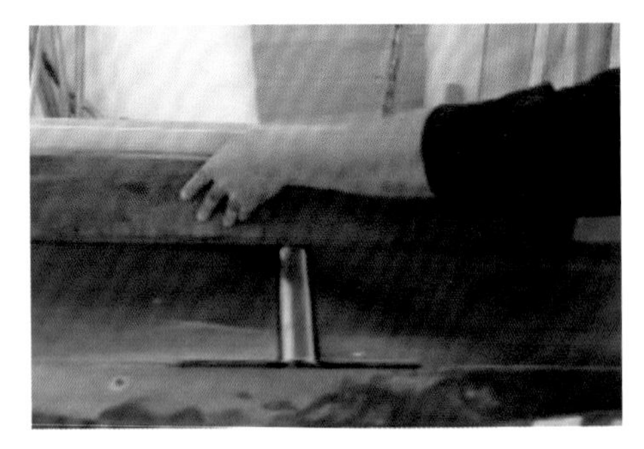

图 4-5　刨平侧面

(3)将带锯的靠山位置调整到距离带锯锯条约 22 mm 的位置(图 4-6),拧紧带锯靠山螺丝,将其固定,然后将木料刨平的一面靠紧靠山,匀速推动工件,将材料的另一面大致切割平整(图 4-7)。

图 4-6　带锯靠山调整

图 4-7　锯切

(4)将平刨转换成压刨状态(如有单独压刨,此过程可省略),调整压刨尺寸(图 4-8),将工件另一面刨平(图 4-9)。

图 4-8　调整压刨尺寸

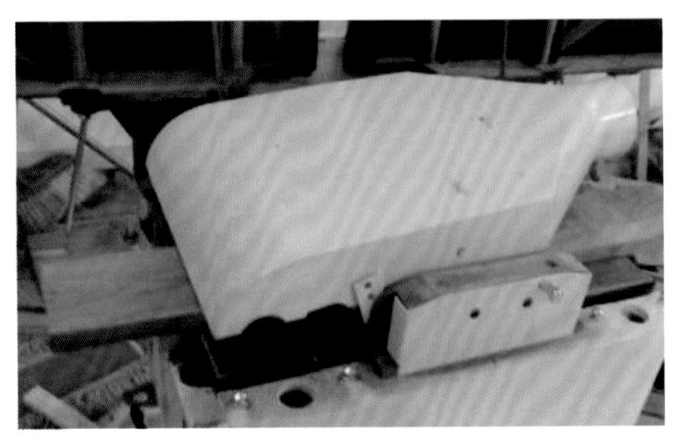

图 4-9　压刨刨平

(5)使用压刨不可能一次就将工件刨成所需的厚度，应多次调整压刨尺寸(图 4-10)，直至将工件加工成所需厚度为止(图 4-11)。(注意：加工后工件的厚度可以比 20 mm 适当大一点点，为后期打磨留一定的余量)

图 4-10　压刨尺寸再调整

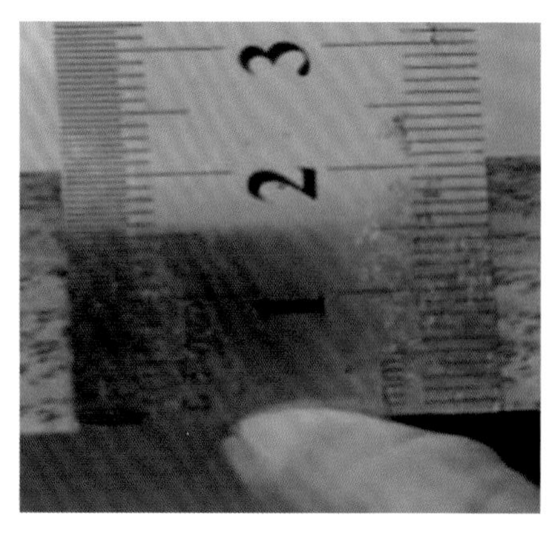

图 4-11　确认板件厚度

(6)重复第(2)至第(5)步，将其余四块木板按照同样的方法加工制作(图 4-12)。加工好后，将其排列好，并用铅笔或水笔在其上随意画平行线或三角形(图 4-13)。(注意：画平行线或三角形要通过相邻的两块板，目的是方便后期拼板)

图 4-12　刨平后的效果

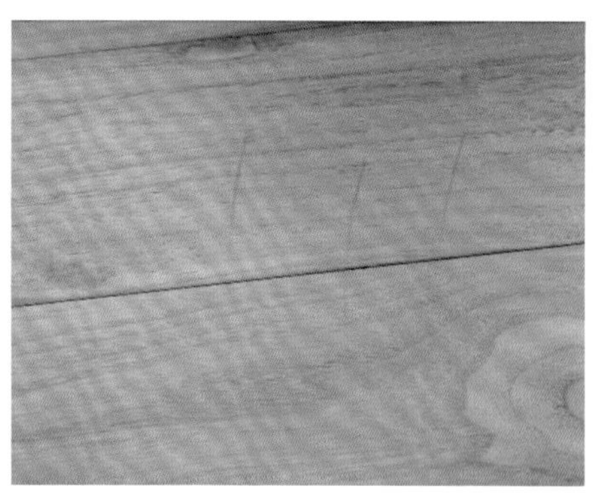
图 4-13　画拼接线

(7)将工件需要拼接的面均匀涂上胶水(见图 4-14、图 4-15)。

图 4-14　一面涂胶

图 4-15　另一面涂胶

(8)根据第 6 步所画的线,用夹具将木板拼夹在一起,等待胶水固化(图 4-16,图 4-17)。

图 4-16　夹具夹紧

图 4-17　等待胶水固化

(9)胶水固化后,将夹具松开,并用凿子将木板表面渗透出来的胶水清理干净(图 4-18,图 4-19)。

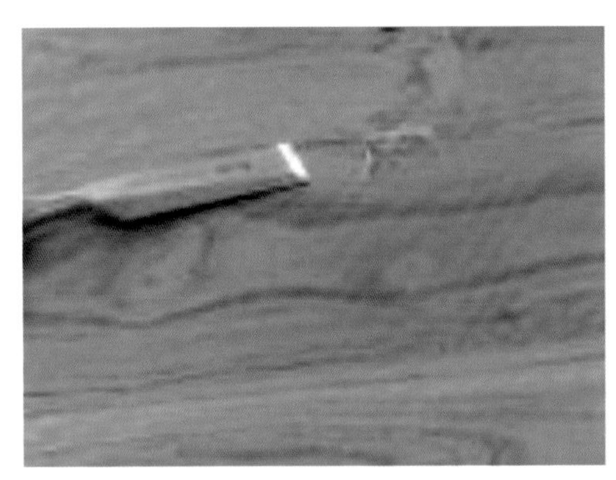

图 4-18　清理胶渍

图 4-19　清理胶渍后的效果

(10)用打磨机将砧板正反两面打磨光滑平整(图 4-20,图 4-21)。

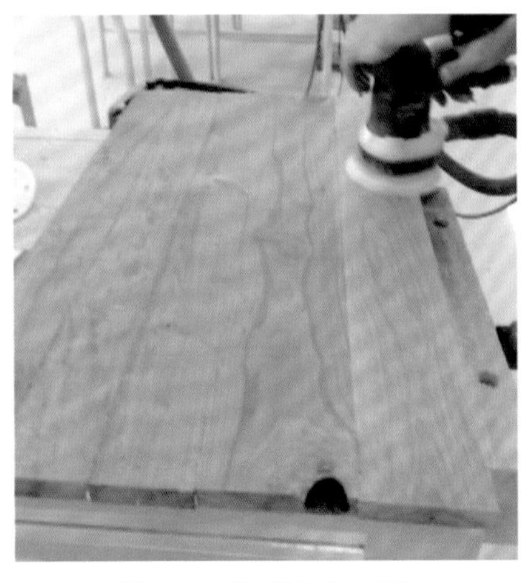

图 4-20　打磨其中一面

图 4-21　另一面打磨

(11)使用台锯首先将宽度的一端切割整齐(图 4-22),然后调整靠山的尺寸,分别对长宽进行切割,使其长度为 800 mm,宽度为 500 mm。切割好的砧板如图 4-23 所示。

图 4-22 使用台锯锯切

图 4-23 锯切后的效果

(12)使用角磨机将砧板的四个角打磨成圆角(图 4-24,图 4-25)。

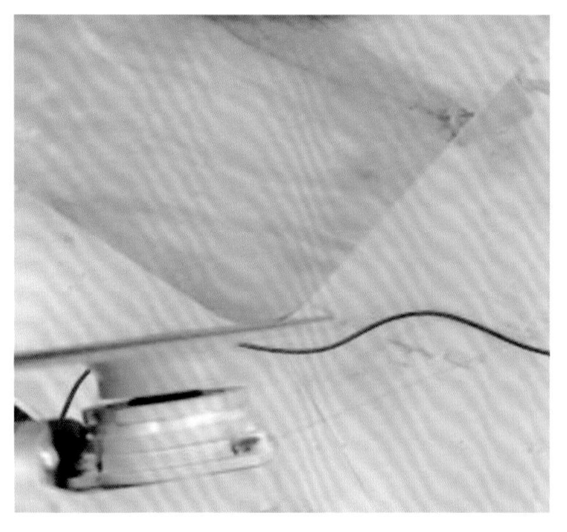

图 4-24 角磨机开始打磨圆角

图 4-25 角磨机打磨其他圆角

(13)在砧板一端的中间位置画出一个大小合适的椭圆(图 4-26),用电钻在靠近椭圆的两端点处钻两个孔(图 4-27),钻的孔要适当大一些,钻好孔后如图 4-28 所示。

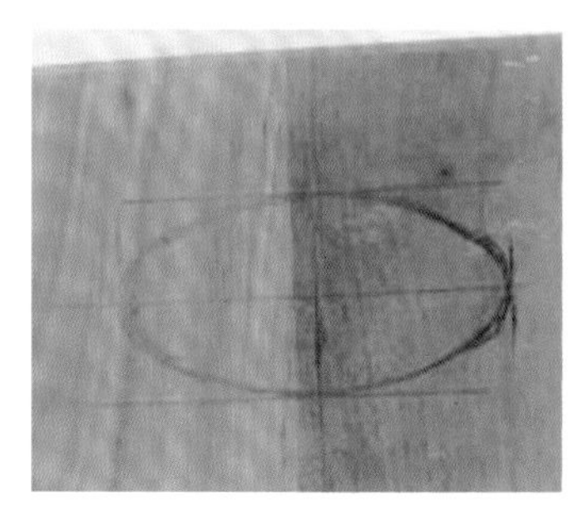

图 4-26 画出椭圆形状

图 4-27 电钻钻孔

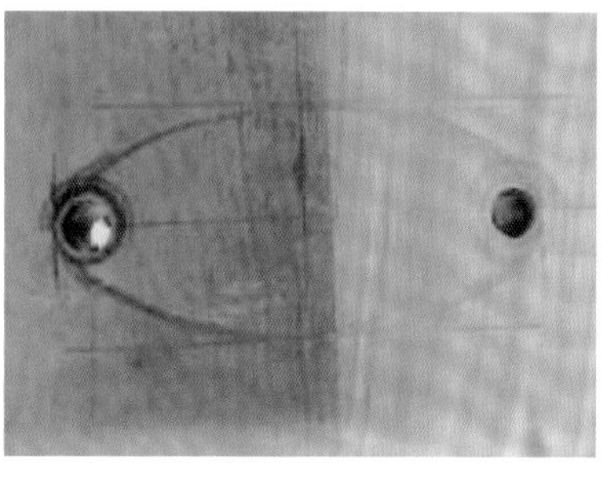

图 4-28 钻孔后效果

（14）使用曲线锯将椭圆中间的材料锯切掉（图 4-29），锯切后的效果如图 4-30 所示。

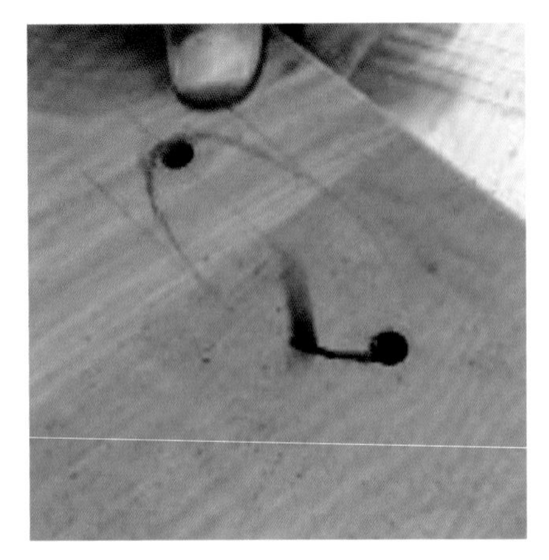

图 4-29　使用曲线锯锯切

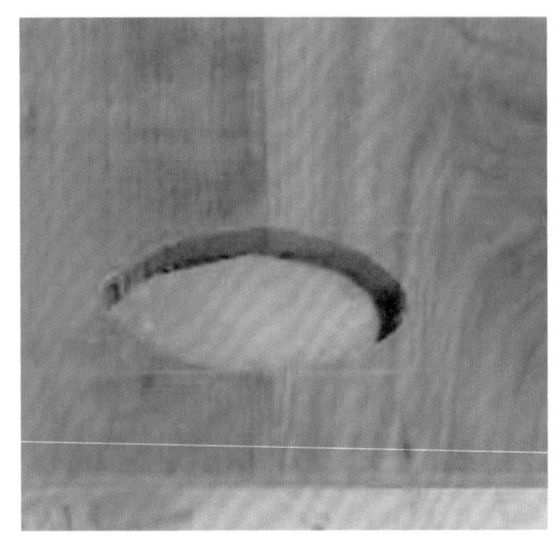

图 4-30　锯切后的效果

（15）将角磨机的砂片换成砂柱形打磨头，对椭圆内部进行打磨，将其内部打磨平整（图 4-31，图 4-32）。

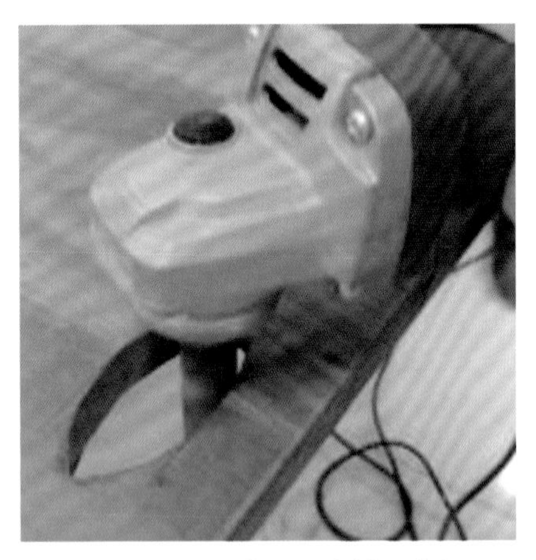

图 4-31　角磨机打磨椭圆内部

图 4-32　将内部打磨平滑

（16）使用 240 目的砂纸打磨砧板，将其打磨得更光滑、更平整（图 4-33），打磨后的最终效果如图 4-34 所示。至此，一块砧板制作完成，后期可对砧板上食用级木蜡油进行保护。

图 4-33　使用打磨机打磨表面

图 4-34　最终效果

第五章
木勺子制作

本章我们要制作一个木勺子，步骤如下：

(1)在木料上画出如图 5-1 所示的图形，该图形也就是勺子的外轮廓。勺子的外轮廓可以根据自己的喜好进行绘制，但不能超过木料的尺寸范围。

图 5-1 画出勺子形状

(2)用圆弧刀挖勺子的圆形部分，刚开始挖时，可以使用较大的圆弧刀(图 5-2)。注意：挖凿时，不要将边缘线凿掉(图 5-3)。

图 5-2 挖出木料

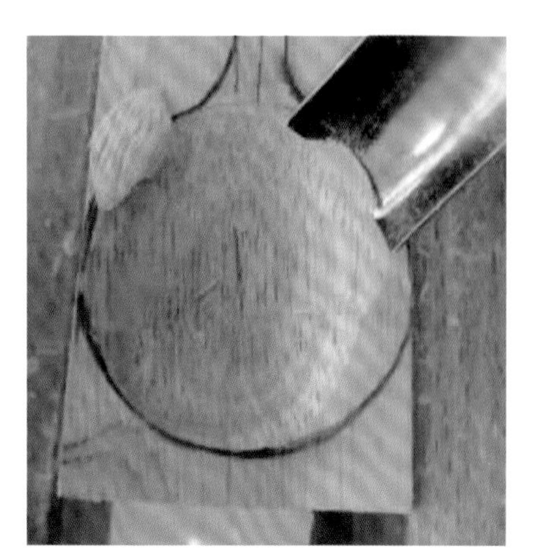

图 5-3 继续挖出木料

(3)用圆弧刀继续挖勺子的圆形部分,必要时可用较小的刀进行修饰(图 5-4 与图 5-5)。

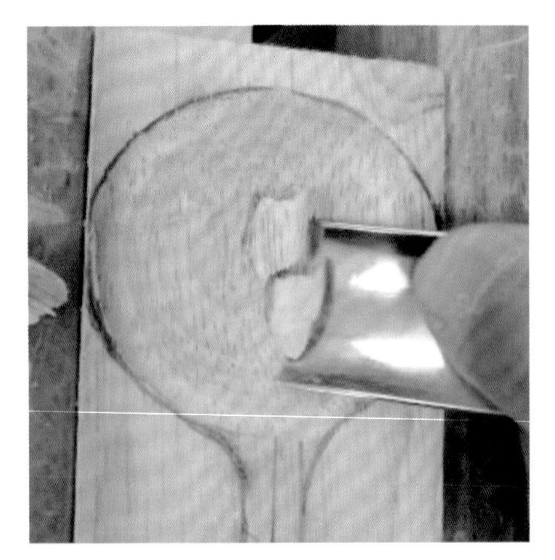

图 5-4 换刀细挖

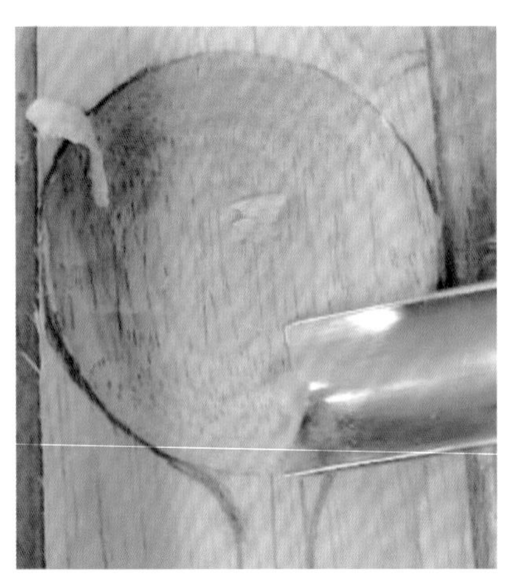

图 5-5 修整

(4)根据自己喜好确定勺子圆形部分的深度,挖好后的效果如图 5-6 所示。注意:现在圆形凹陷部分可能不太光滑,后期我们需要用砂纸打磨光滑。

图 5-6 挖好后的效果

(5)将工件横置并夹紧(图 5-7),用手锯横切,锯切到画线位置停止即可(图 5-8)。

图 5-7 工件夹紧

图 5-8 手锯锯切

(6)将工件竖置并夹紧，用手锯沿着所画的线锯切(图 5-9)，一直锯切至步骤(5)锯切的位置，将多余的木料锯切掉(图 5-10)。

图 5-9　沿边缘线锯切

图 5-10　沿边缘线锯切过程

(7)也可以用带锯等电动设备锯切，用电动设备锯切更快速(图 5-11)。注意：锯切的时候不要将所画的线锯掉，要留一定的余量，以免破坏勺柄的形状(图 5-12)。

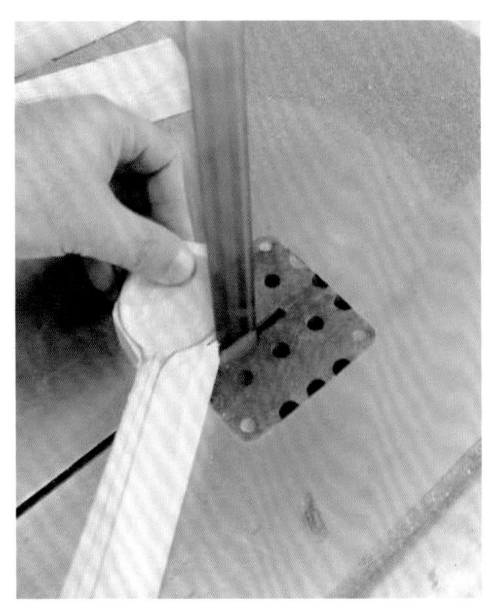

图 5-11　使用带锯锯切

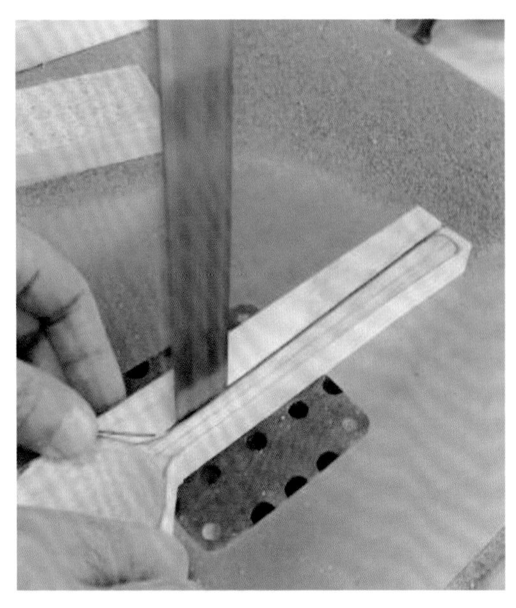

图 5-12　带锯锯切过程

(8)用曲线锯锯掉圆形部分多余的材料(图 5-13)，如果没有电动曲线锯，可以使用手持曲线锯。锯切时不要锯切到所画的线(图 5-14)。

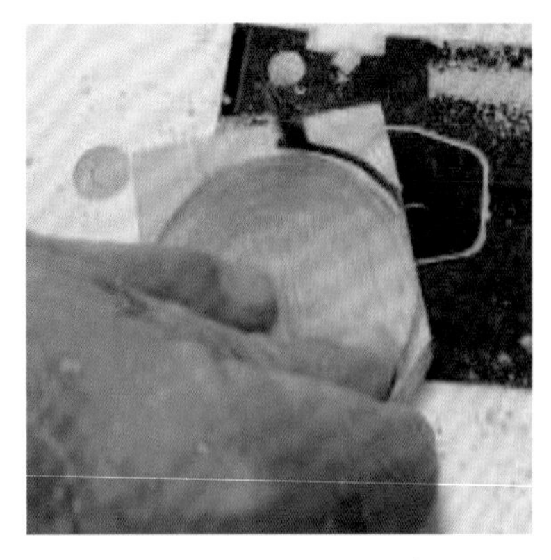

图 5-13　锯切勺子边缘

图 5-14　锯切勺子边缘的过程

(9)用砂带机对勺子进行粗磨,将一些明显不平整的地方打磨平整(图 5-15,图5-16)。

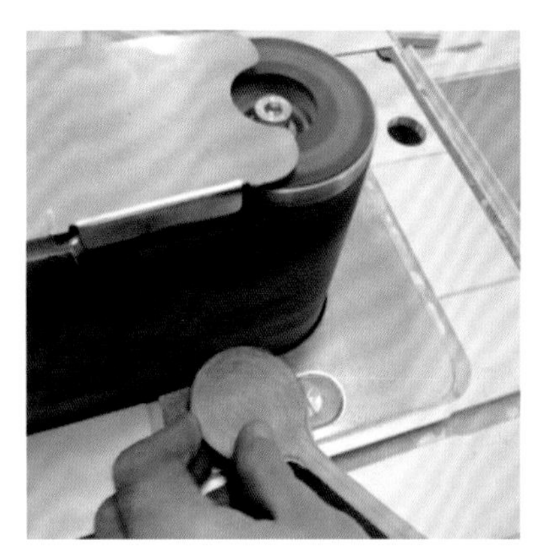

图 5-15　砂带机粗磨

图 5-16　砂带机粗磨过程

(10)在勺柄侧面画出如图所示的线(图 5-17),该线就是大致确定勺柄的厚度以及勺子圆形部分与勺柄之间的过渡形状。

图 5-17　画勺柄线

(11)将勺子立置夹在工作台上(图 5-18),用手锯将勺柄部分多余的材料切割掉(图 5-19,图 5-20)。

图 5-18　固定勺子使用手锯锯切

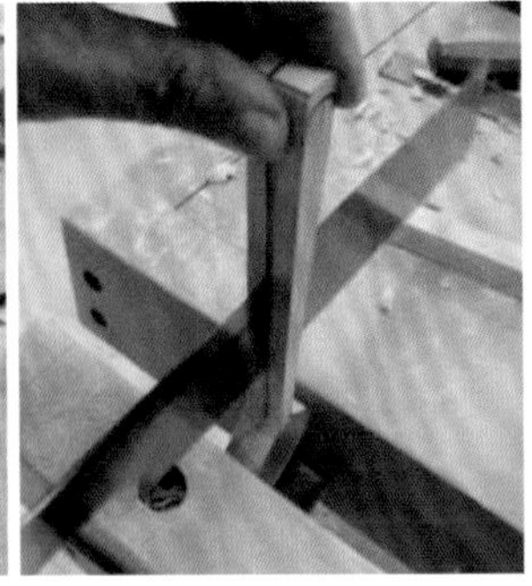
图 5-19　手锯锯切过程

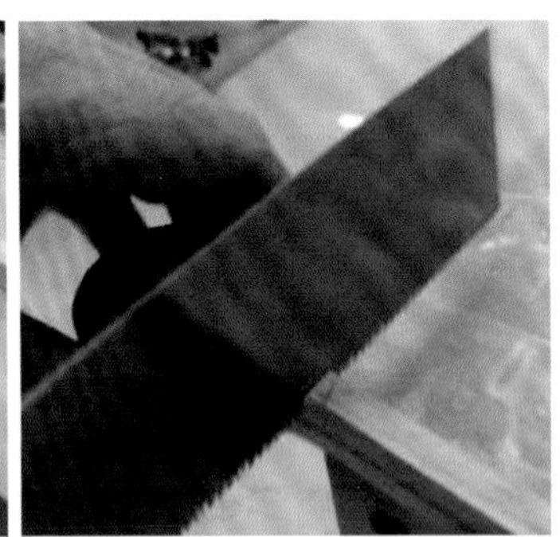
图 5-20　手锯横切

(12)可以用凿刀将勺子圆形部分的底部粗凿(图 5-21)。如果需要快速修整该部分形状,可以使用角磨机进行打磨修整(图 5-22)。

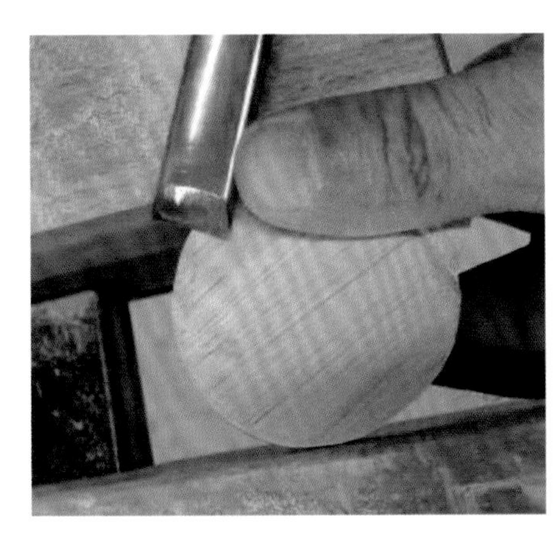
图 5-21　粗凿

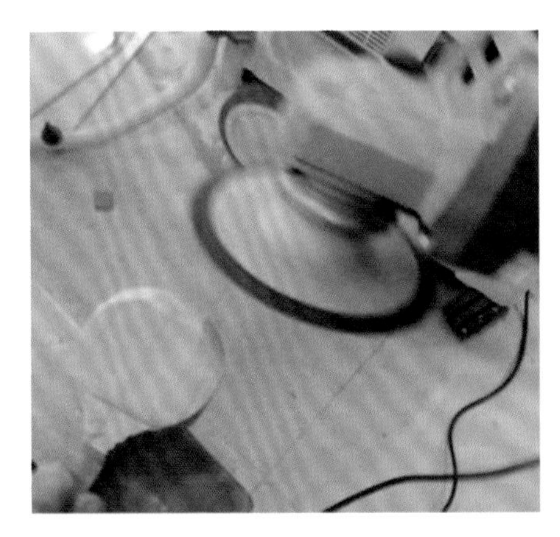
图 5-22　角磨机打磨

(13)用角磨机打磨修整勺子圆形部分底部(图 5-23),初步打磨修整后的效果如图 5-24 所示。

图 5-23　打磨过程

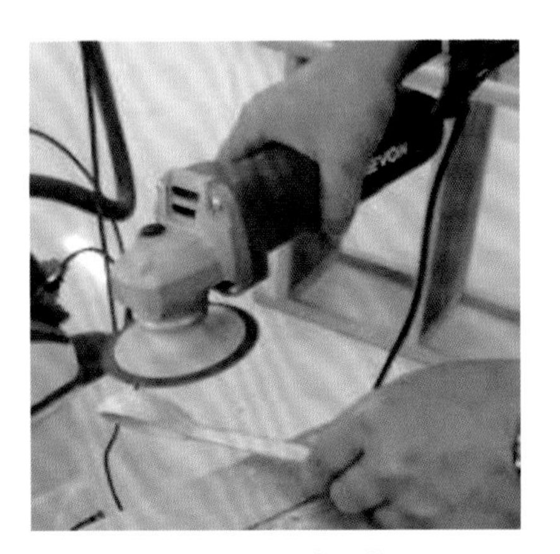
图 5-24　打磨后效果

(14)用角磨机打磨勺子圆形部分与勺柄部分的过渡区域(图 5-25,图 5-26)。

图 5-25　打磨勺柄

图 5-26　打磨勺柄过程

(15)用角磨机打磨勺柄部分(图 5-27,图 5-28)。

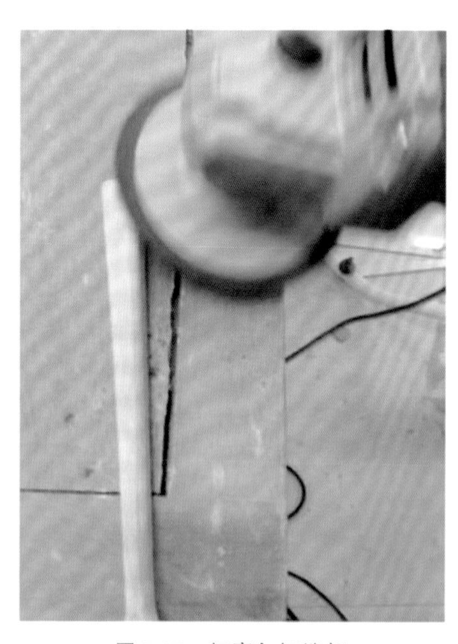

图 5-27　打磨勺柄端部

图 5-28　打磨勺柄端部过程

(16)用打磨机(先用 180 目砂纸)对勺子进行整体打磨,后换用 240 目以及 320 目砂纸打磨(图 5-29,图 5-30)。

图 5-29　粗磨

图 5-30　细磨

(17)用砂纸对勺子圆形部分的内部进行打磨，先用 180 目砂纸进行打磨，后用 240 目以及 320 目砂纸进行打磨(图 5-31 与图 5-32)。

图 5-31　手工粗磨勺子内部

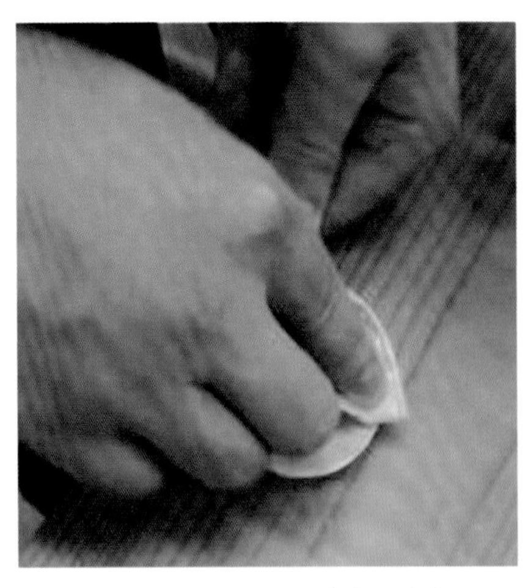

图 5-32　手工细磨勺子内部

(18)打磨后的效果如图 5-33 所示，最后可对勺子上油进行保护。

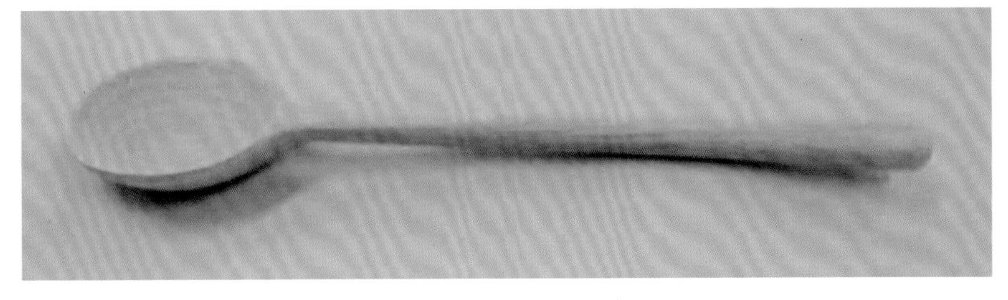

图 5-33　上木蜡油后效果

第六章
板凳制作

本章的内容为制作一个板凳，该板凳由三部分构成，即凳面板、凳腿和横档。其中面板和横档用黑胡桃木制作，凳腿用橡胶木板制作。制作之前，我们需要先将板凳的尺寸图与效果图画出来，尺寸图的作用就是确定各个零部件的尺寸，后期我们加工零件就可以按照图纸上的尺寸进行，板凳的尺寸如图 6-1 所示，效果图如图 6-2 所示。

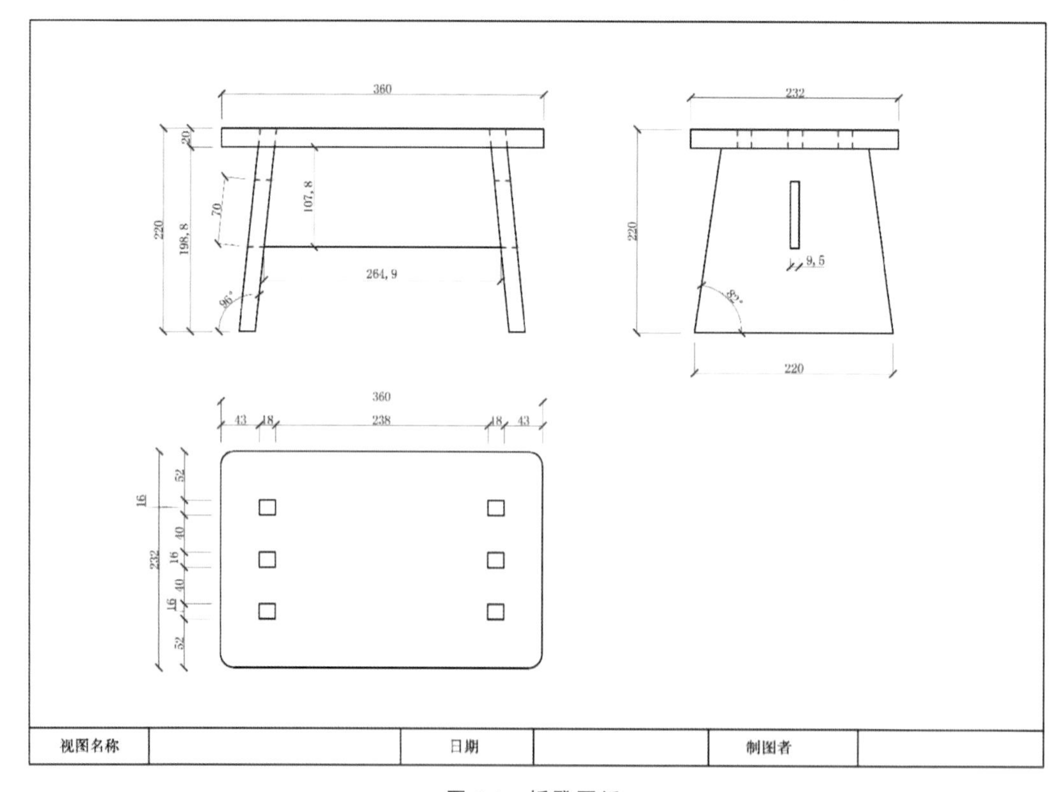

图 6-1　板凳图纸

图 6-2　板凳设计效果图

一、制作凳面

(1)用型材切割锯将毛料切割成所需的近似长度，根据图纸，我们将材料切割成长 370 mm 左右，目的是留有一定的余量，以便后期进行精裁(图 6-3，图 6-4)。由于毛料的宽度没有超过 232 mm(凳面的宽度)，因此，我们这里切割两块，以便后期进行拼板，使其宽度超过 232 mm。

图 6-3　确定尺寸

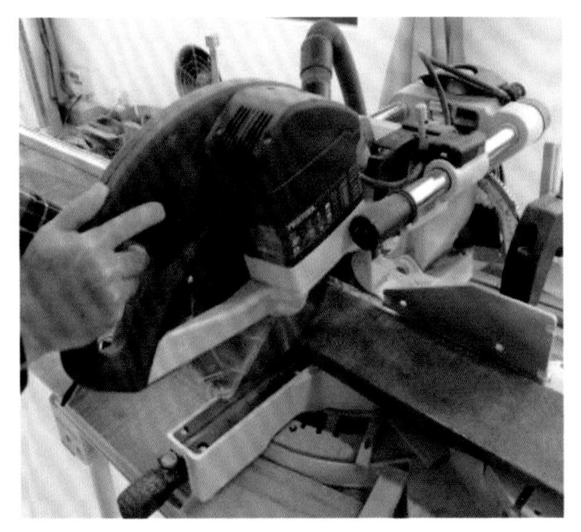

图 6-4　锯切

(2)使用平刨将所切割的材料一面刨平(图 6-5)。

(3)将平刨的靠山调整成 90°，将第(2)步刨平的一面靠紧靠山，将一个侧面刨平(图 6-6)。

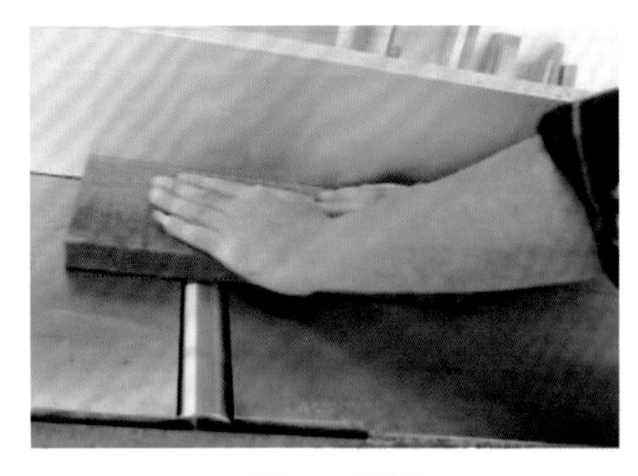

图 6-5　平刨

图 6-6　将侧面刨平

(4)如有必要，可以用带锯将材料的另一平面和侧面切割成所需的近似厚度(图 6-7)和近似宽度(图 6-8)。(注意：厚度切割时一定要使留下的材料厚度超过 20 mm)

图 6-7　带锯粗切厚度

图 6-8　带锯粗切宽度

(5)将平刨调整成压刨的状态，将另一侧面刨平(图 6-9)；调整压刨尺寸，将面板的另一平面刨成 20 mm(图 6-10)。

(6)另一块板也按照如上所述的方法制作，并将两块板大致对齐，并用铅笔或其他水笔在两块板之间画上如图 6-11、图 6-12 所示的两根斜线。(画斜线的目的是后面拼板时方便对齐，也可以在两块板之间画三角形)

图 6-9　压刨侧面

图 6-10　压刨另一面

图 6-11　画拼接线

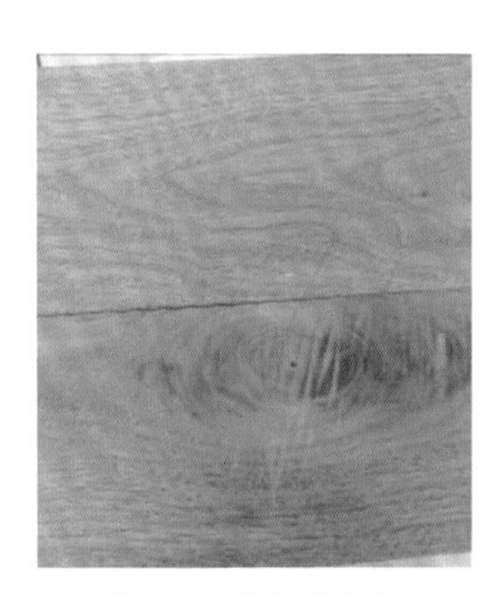
图 6-12　拼接线细节

(7)用胶水将两块板的侧面涂抹均匀(图 6-13),将两块板根据步骤(6)所画的线对齐,然后用夹具将两块板均匀夹紧(图 6-14)。将多余的胶水抹掉,放置固化一段时间。

图 6-13　上胶

图 6-14　夹紧

(8)在拼好的板上画线,确定面板的长度(图 6-15)。

(9)用型材切割锯将凳面板切割成所需的精确尺寸(图 6-16)。

图 6-15　画线

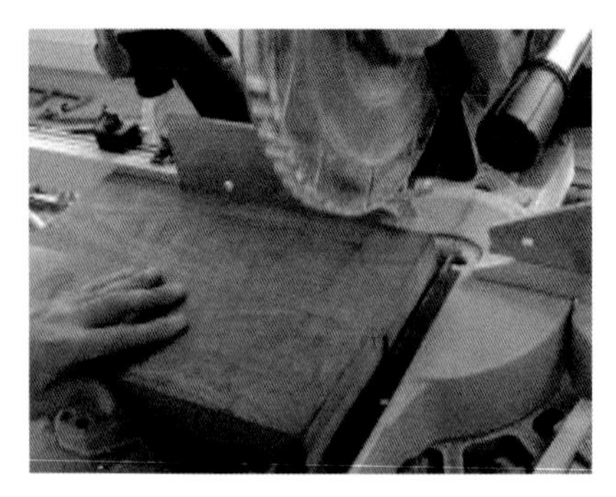

图 6-16　精确锯切

(10)用台锯精确切割出凳面板的宽度,最终得到长、宽、厚均与图纸尺寸符合的面板(图 6-17)。

(11)在凳面板的正面画出榫眼的位置,并做好记号。图 6-18 中 16 mm 宽的位置即为榫眼(图 6-18)。

图 6-17　精切后的效果

图 6-18　画榫眼线

(12)侧面划线,角度为 6°,另一侧的线与其对称(图 6-19)。通过侧面的线将底面的线也画出来(图 6-20)。

(13)先用圆孔钻将榫眼位置多余的木料去掉。(图 6-21)

(14)用 16 mm 宽的榫眼凿将榫眼凿出来。(注意凿子不要垂直于板件,要倾斜 6°左右)。这个过程需要耐心和细心,粗凿后还需慢慢修整榫眼,使榫眼内部平顺。(图 6-22)

图 6-19　侧面画线

图 6-20　底面画线

图 6-21　钻孔

图 6-22　手凿凿孔

(15)榫眼凿好后的效果如图 6-23 所示。

图 6-23　榫眼效果

二、凳腿制作

(1)寻找一块合适的橡胶木板,并在其上画出如6-24至图6-27所示的尺寸。由于案例中所使用的橡胶木板为18 mm厚度的规格板,所以不需要对其进行刨平等操作。另外一条凳腿也按照同样的方法画线,但要注意左右对称的问题。

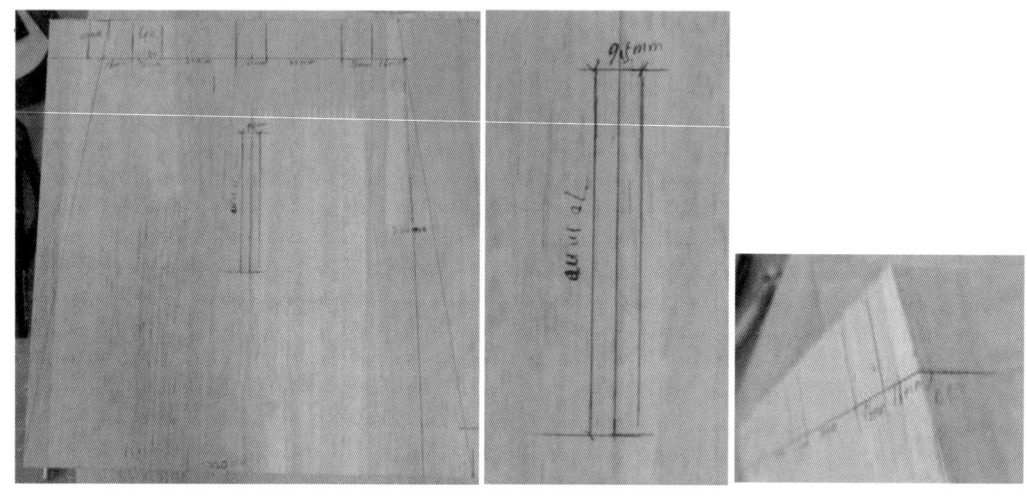

图6-24　凳腿画线　　图6-25　画线细节1　　图6-26　画线细节2

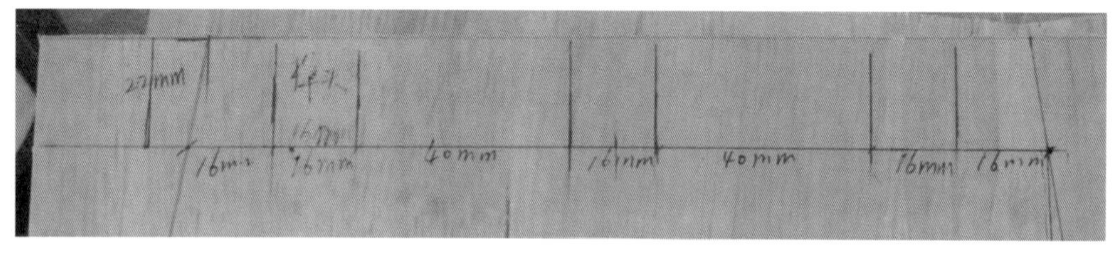

图6-27　画线细节3

(2)调整好台锯,用台锯切割出凳腿的高度(图6-28)。

(3)调整型材切割锯的角度为8°,开启红外线并对齐所画的斜线,将一条凳腿的斜边切割好(图6-29)。(注意:另外一个斜边不要切割,要暂时保留,方便后续加工)

(4)铣凳腿中间的槽眼。调整铣机,安装直径为9.5 mm的直刀(图6-30),在铣机台面上安装两个互相垂直的靠山,并调整刀具到两边靠山的距离(图6-31与图6-32),并将刀具高出台面约18.5 mm左右(目的是刀具能穿透木板)。

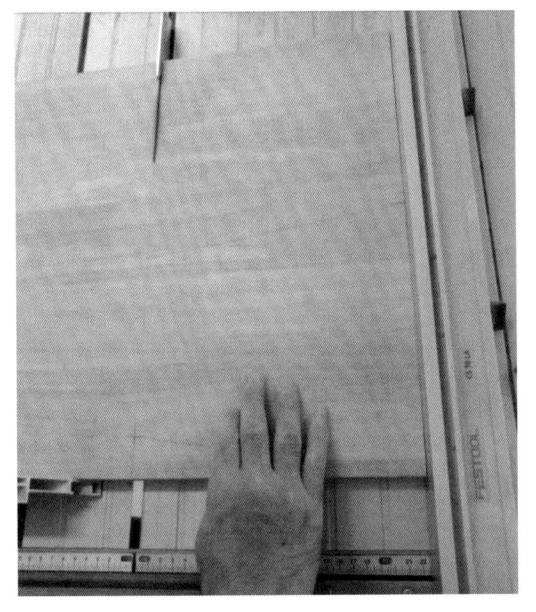

图 6-28　台锯锯切

图 6-29　切割斜边

图 6-30　安装铣刀

图 6-31　调整铣刀距一侧靠山距离

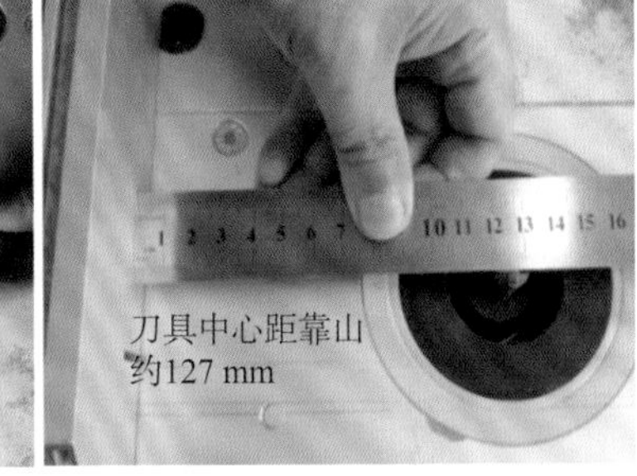

图 6-32　调整铣刀距另一侧靠山距离

(5)将材料靠紧两边靠山慢慢压下去，然后推动木板匀速前进，铣到槽的另一端时停止(图 6-33)。

(6)铣槽效果如图 6-34 所示。

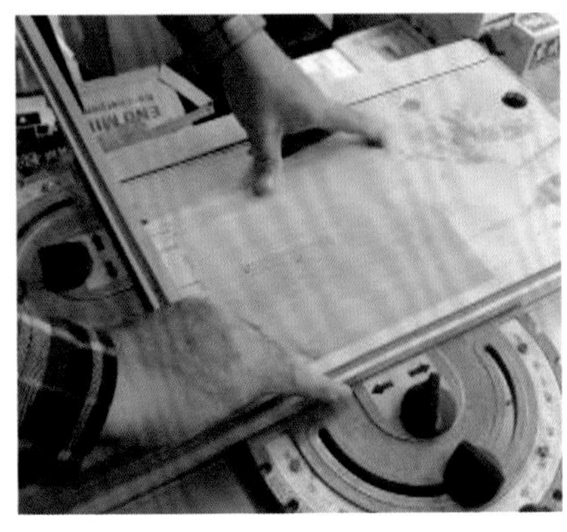
图 6-33　铣槽

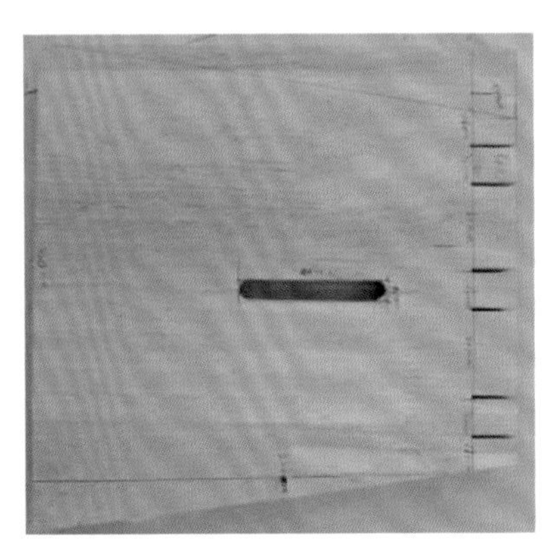
图 6-34　铣槽效果

(7)凳腿底部画线(图 6-35),并调整铣机靠山位置,铣出底部镂空的形状(图 6-36)。由于该镂空形状不影响安装,因此镂空深度及宽度可自己把握。

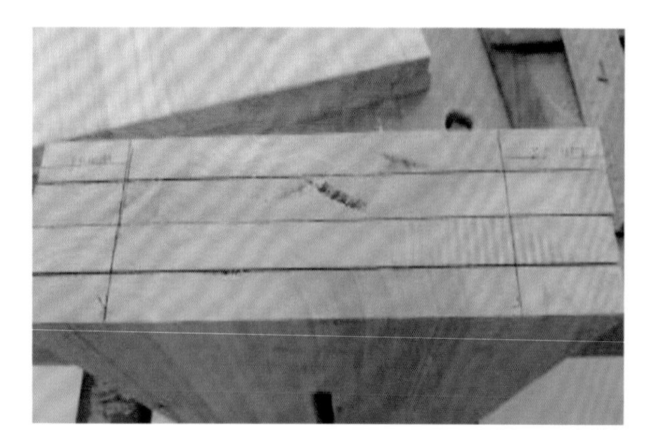

图 6-35 凳腿底部画线

图 6-36 铣型

(8)将直边靠紧带锯靠山,并调整靠山位置(图 6-37),使用带锯切割出榫头切口。

(9)锯完后的效果如图 6-38 所示。(注意:锯切深度不能超过下面那条横线)

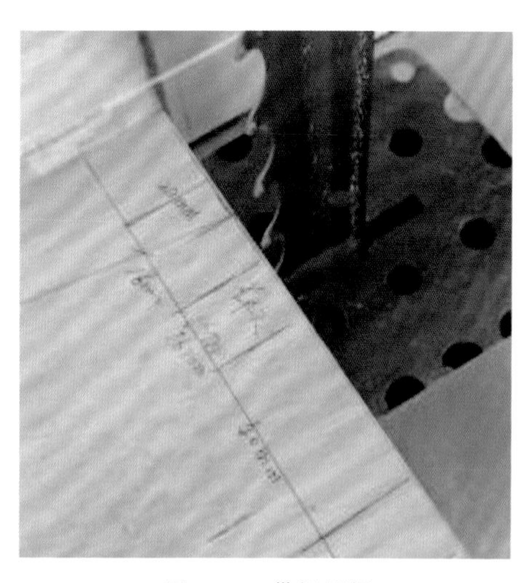

图 6-37 带锯锯切

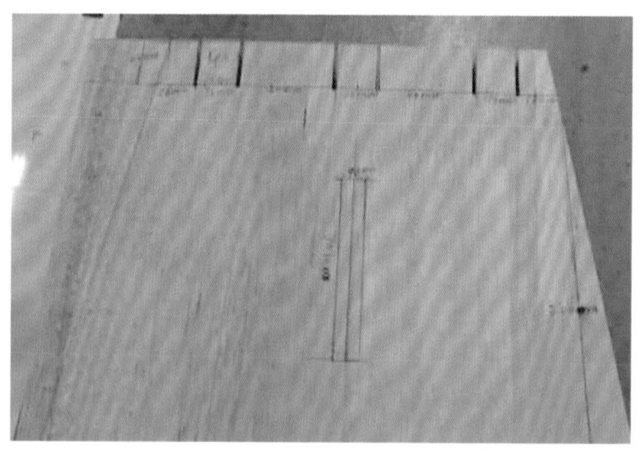

图 6-38 锯切效果

(10)用曲线锯进行粗切割,将多余的料切割掉(图 6-39),切割后的效果如图 6-40 所示。

(11)用凿子对榫肩进行修整,并修整其为斜面,倾斜角度为 6°(图 6-41),修整后的效果如图 6-42 所示。

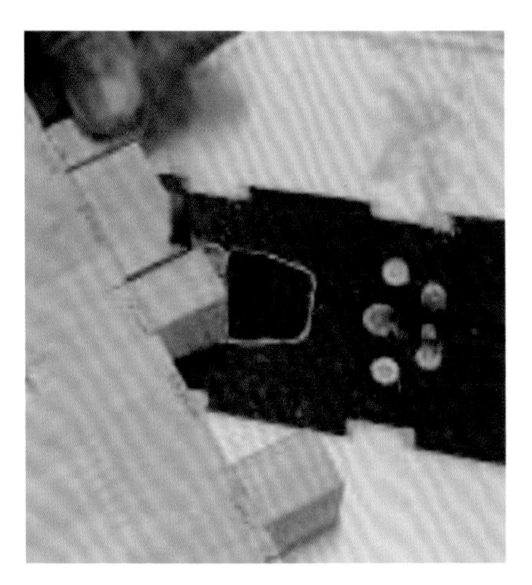

图 6-39　曲线锯粗切

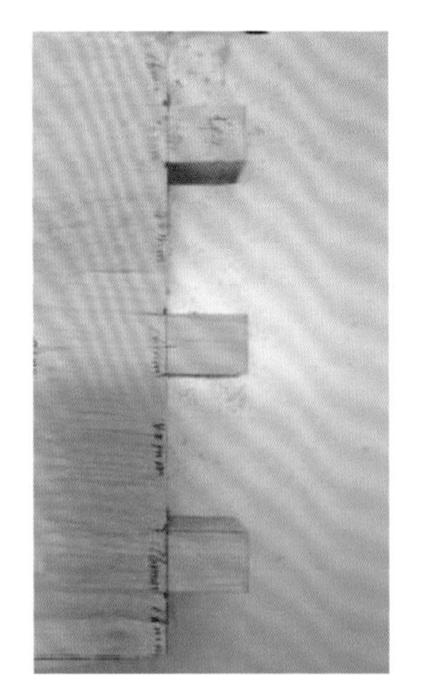

图 6-40　粗切效果

图 6-41　手凿修整

图 6-42　修后效果

(12)用 9.5 mm 宽的榫眼凿修整槽眼。注意槽眼两端要倾斜 6°(图 6-43)。另外一条凳腿也按上述方法进行制作,要注意对称问题。修整后的效果如图 6-44 所示。

图 6-43　修整榫槽

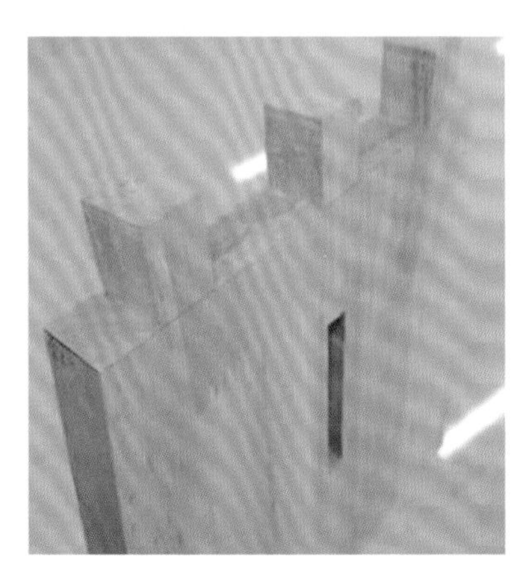

图 6-44　最终效果

三、制作横档

(1)参照凳面制作方法将横档的材料刨平(图 6-45),确定厚度为 20 mm,并画线,如图 6-46 所示。

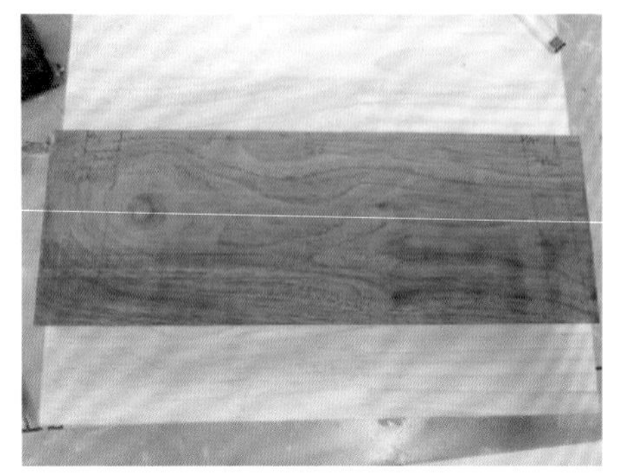

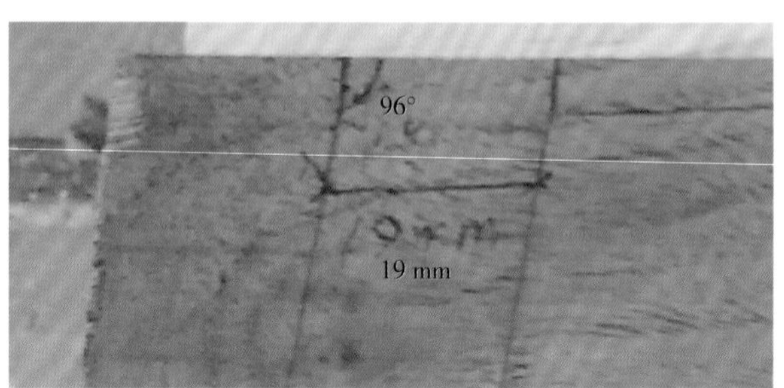

图 6-45 木料刨平并画线　　图 6-46 横档画线细节

(2)调整型材切割锯的角度为 6°,将横档的斜边切割出来(图 6-47),效果如图 6-48 所示。

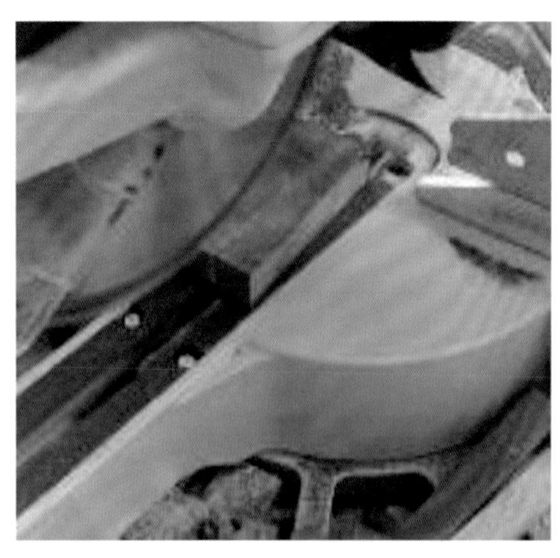

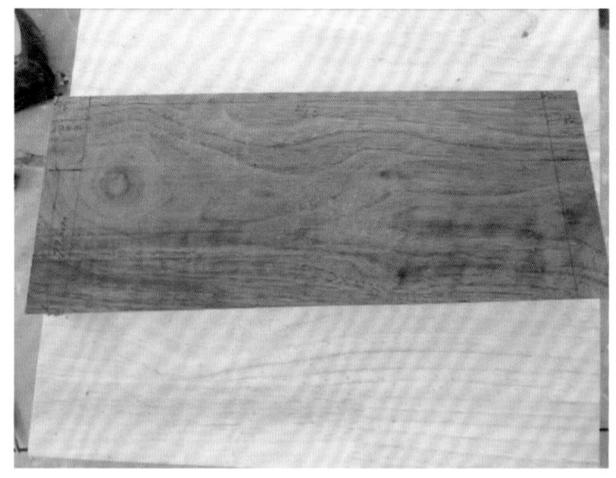

图 6-47 锯切斜边　　图 6-48 锯切效果

(3)调整带锯靠山,使锯条内侧边缘距离靠山约 72 mm(横档榫头的高度),用带锯粗切切出刀口,注意不要切过线(图 6-49),切割效果如图 6-50 所示。

(4)调整铣机铣刀的高度(高出铣机台面)为 5.2 mm(图 6-51),调整铣刀外边缘距离铣机靠山为 19 mm(图 6-52)。这两步的目的在于铣出横档榫头的厚度。

图 6-49 粗切横档榫头高度

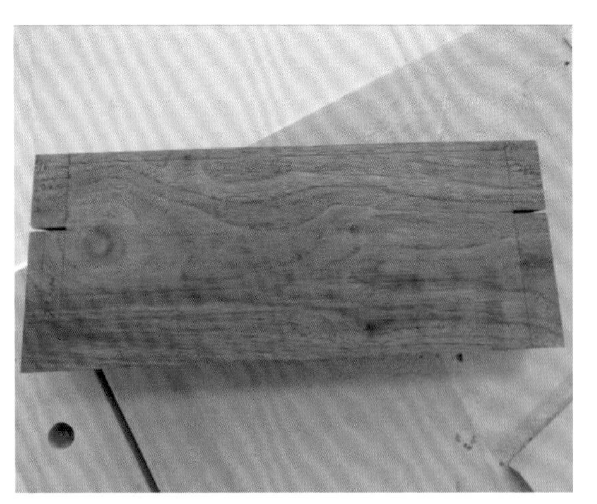

图 6-50 切割效果

图 6-51 调整铣刀高度

图 6-52 调整铣刀距靠山距离

(5)将横档要出榫头的边缘靠紧靠山,匀速推动板件往前移动,先铣其中一面(图 6-53),然后再铣另一面(图 6-54)。注意:推动板件往前移动时,手要在铣刀左侧推动板件移动,并且距铣刀要有一定的距离。

(6)再次调整靠山的位置,将榫头部分多余的材料铣掉(图 6-55)。

(7)调整铣机铣刀的高度,使其略高于榫头。调整靠山的位置,使得铣刀的外边缘与榫头的内边缘对齐(图 6-56)。

(8)将板件靠紧靠山,匀速推动板件前进(图 6-57),到刀口处停止前进,关掉机器,取下板件。加工完的工件可能某些地方没有加工到,可用凿子进行修整。修整后的榫头如图 6-58 所示。

图 6-53　铣榫头一面

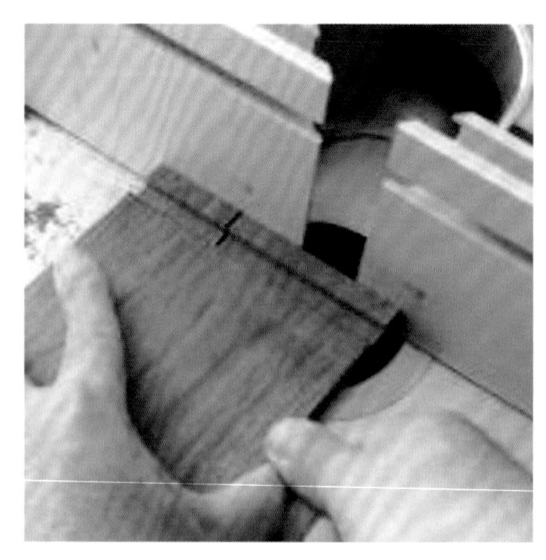

图 6-54　铣榫头另一面

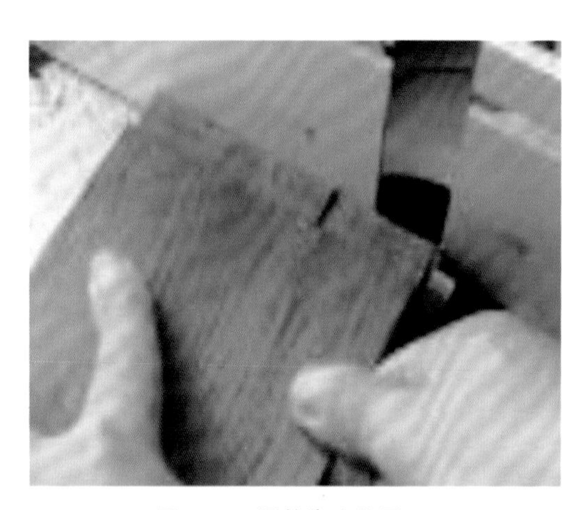

图 6-55　调整靠山位置

图 6-56　调整铣刀

图 6-57　铣掉榫头多余部分

图 6-58　榫头效果

四、打磨、组装、上胶

(1)将加工好的各个零件进行试组装,如果有不能装配的地方,还需进行修正(图6-59)。

(2)对各个零件进行打磨,同时对零件的边缘打磨,将零件边缘打磨成圆角形状(图6-60)。

图 6-59 试装

图 6-60 打磨

(3)涂抹胶水,凡是两个构件相接触的地方都要涂抹胶水,胶水不要涂抹得太厚,但胶水尽量要抹均匀(图 6-61)。上完胶后就将各个零部件组装起来,在用锤子敲打安装时,要加一块垫木进行敲击,以免伤到零件(图 6-62)。

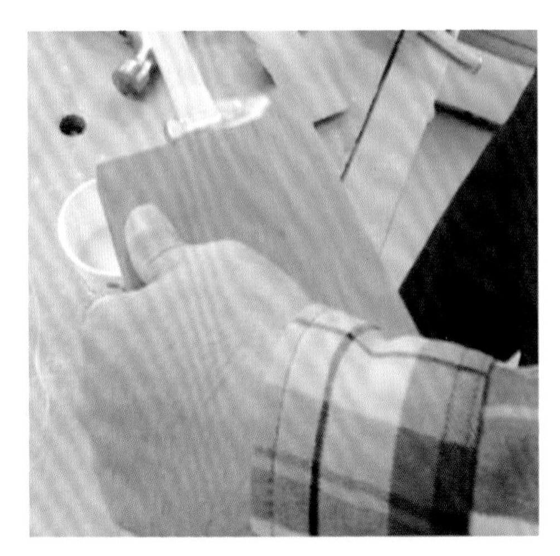

图 6-61 上胶

图 6-62 组装

(4)用夹具将组装好的板凳夹紧。放置一段时间,等待胶水固化(图 6-63)。

(5)用角磨机将凸出来的榫头打磨掉(图 6-64)。

图 6-63　夹紧

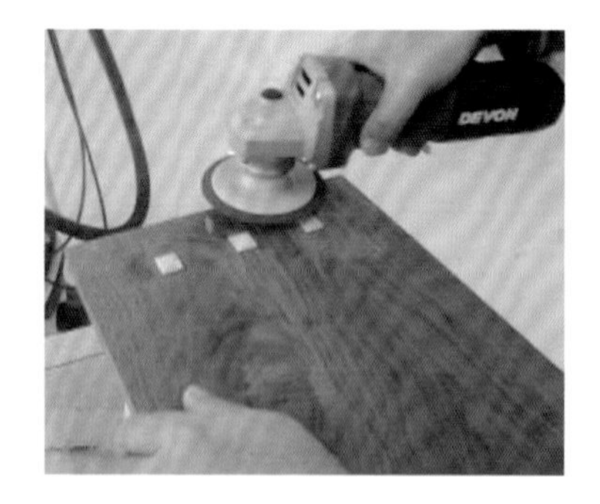

图 6-64　修整

(6)使用角磨机将面板的四个角粗打磨,将其打磨成圆角(图 6-65)。

(7)使用打磨机,砂纸的目数根据实际情况选用,将凳面及圆角以及边缘处打磨光滑(图 6-66)。

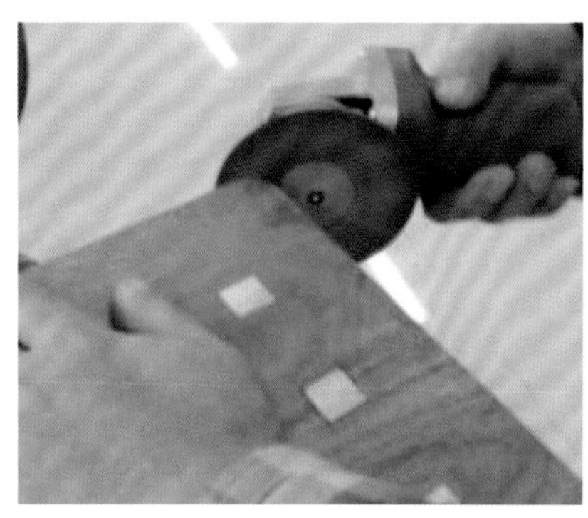

图 6-65　打磨圆角

图 6-66　最终打磨

(8)打磨后的效果如图 6-67 所示。

(9)上木蜡油,上油后的效果如图 6-68 所示。

图 6-67　打磨后效果

图 6-68　上木蜡油

第七章
燕尾榫收纳盒制作

本章内容为制作一个燕尾榫收纳盒，燕尾榫收纳盒的长为 327 mm、宽为 238 mm、高为 74 mm。通过该收纳盒的制作，主要学习燕尾榫的制作方法。燕尾榫收纳盒的部件图及主要尺寸如图 7-1～图 7-3 所示，效果如图 7-4 所示。

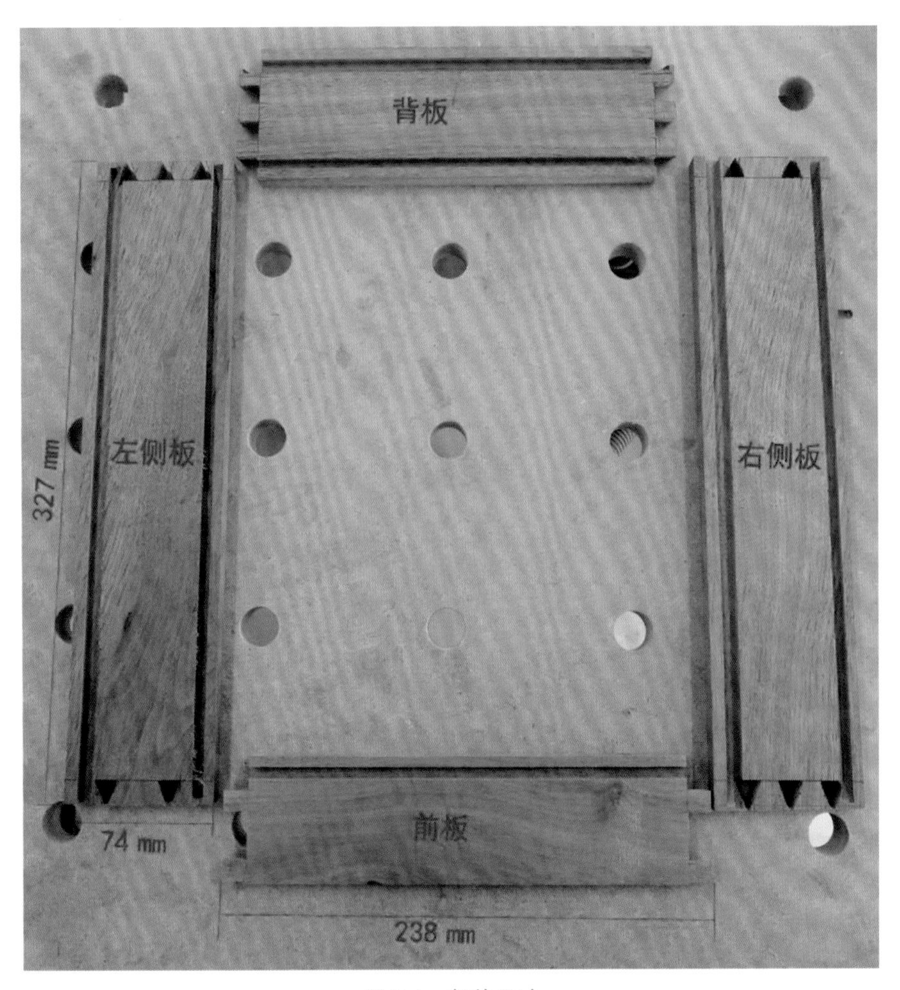

图 7-1　部件尺寸

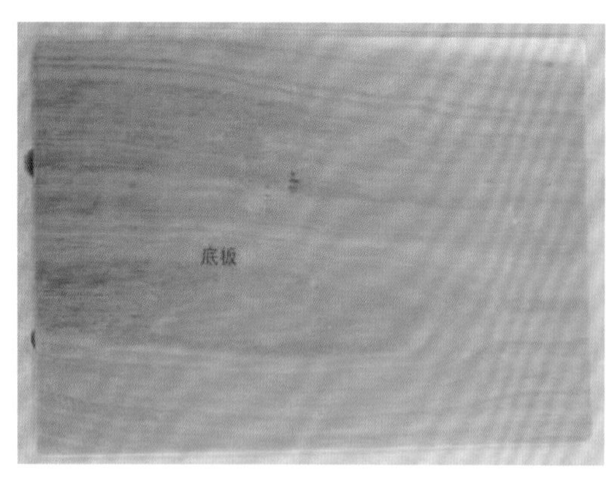

图 7-2 底板

图 7-3 盖板

图 7-4 收纳盒

制作步骤如下：

(1)准备材料。准备两块侧板，一块背板，一块前板，一块底板和一块盖板(图 7-5 与图 7-6)。侧板尺寸为：长 327 mm，高 74 mm，厚 11 mm；前板尺寸为：长 238 mm，高 74 mm，厚 11 mm；背板尺寸为长 238 mm，高 74 mm，厚 11 mm；底板尺寸为：长 223 mm，宽 314 mm，厚 4 mm；盖板尺寸为：长 224 mm，宽 320 mm，厚 8 mm。在准备材料时，我们可以适当将材料的长度增加 1～2 mm 左右，目的是为后期加工榫头留一定的余量。

(2)画线。对前板画出如图 7-7 与图 7-8 所示的线。榫头的高度为板的厚度，为 11 mm。前板有两个榫头，两个榫头距离边缘的距离为 16 mm，榫头大小形状可根据自己的偏好进行设定。每一块板的正面、侧面和背面都要画线，将燕尾榫头的形状与位置确定好。

图 7-5　备料

图 7-6　底板与盖板备料

图 7-7　前板画线

图 7-8　前板画线细节

(3)锯切。用夹背锯按照所画线的位置锯切，锯切时，要保持夹背锯垂直状态，锯切到下方画线位置时停止(图 7-9 与图 7-10)。

图 7-9　手锯锯切

图 7-10　锯切细节

(4)用锯将两侧多余的部分切除掉(图 7-11),切割后效果如图 7-12 所示。

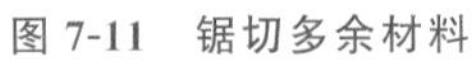

图 7-11　锯切多余材料

图 7-12　锯切效果

(5)中间部分多余的材料用凿子将其剔除(图 7-13)。注意:在凿的过程中,先凿一面,凿掉一部分材料,然后翻转材料,凿另外一面,将剩余的材料剔除(图 7-14)。

图 7-13　手凿

图 7-14　手凿细节

(6)凿完之后的效果如图 7-15 与图 7-16 所示。

(7)背板榫头也按照相同的方法制作。注意:这里背板制作了三个榫头,两侧的榫头距离板边缘为 11 mm,制作出来的效果如图 7-17 与图 7-18 所示。

图 7-15　手凿效果 1

图 7-16　手凿效果 2

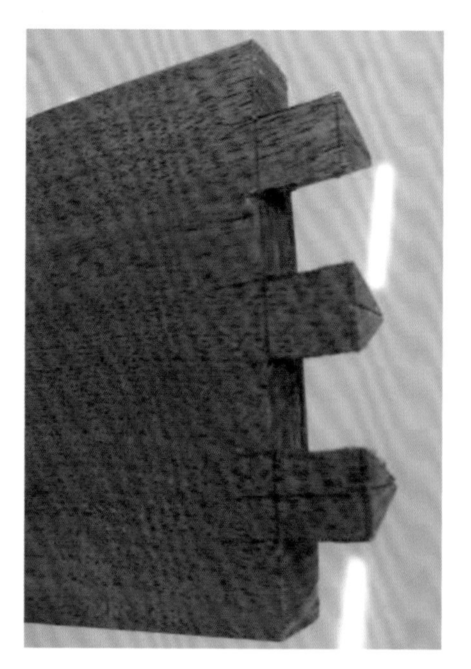

图 7-17　背板燕尾榫制作效果 1

图 7-18　背板燕尾榫制作效果 2

(8)背板与侧板的一端对齐(图 7-19),然后以背板的榫头为边界画侧板榫眼的线,画线效果如图 7-20 所示。由于背板制作了三个燕尾榫,所以侧板的一端也必须制作三个相应的榫眼。

(9)用夹背锯按照所画线的斜度锯切,锯切时要注意锯的斜度要尽量与线的斜度相同,锯切到下部横线位置停止(图 7-21 与图 7-22)。

图 7-19　套线

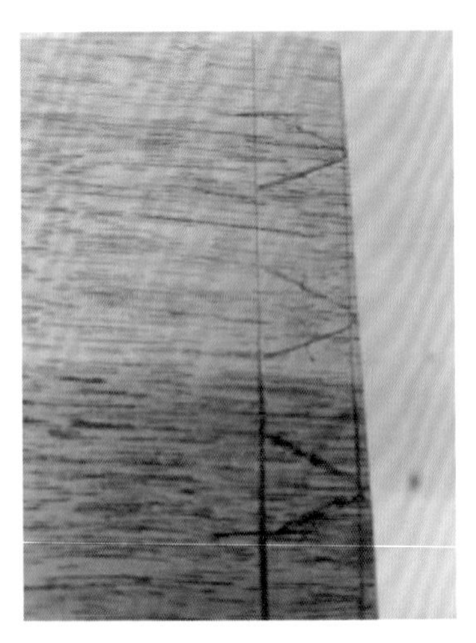
图 7-20　套线效果

图 7-21　手锯锯切

图 7-22　手锯锯切细节

(10)用大小合适的凿子将多余的材料剔除(图 7-23),凿完的效果如图 7-24 所示。

图 7-23　凿榫眼

图 7-24　榫眼效果

(11)侧板另一端凿两个眼,与盒子前板进行配合,制作方法参照步骤(8)至步骤(10),制作完成效果如图 7-25、图 7-26 所示。

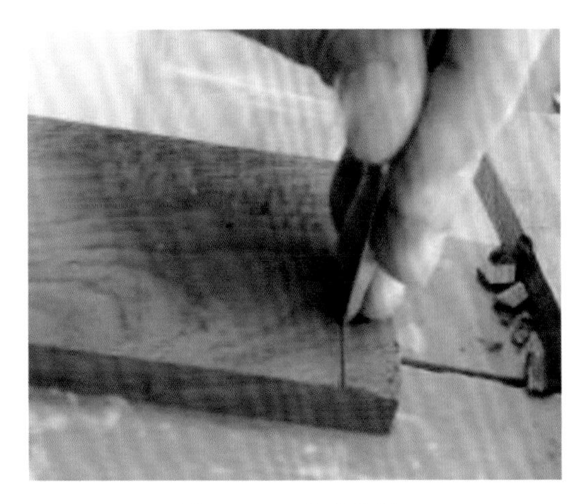

图 7-25　侧板凿榫眼

图 7-26　凿后效果

(12)使用台锯将前板锯切掉 15 mm 宽的材料,锯切过程与锯切后的效果如图 7-27 与图 7-28 所示。

图 7-27　台锯锯切

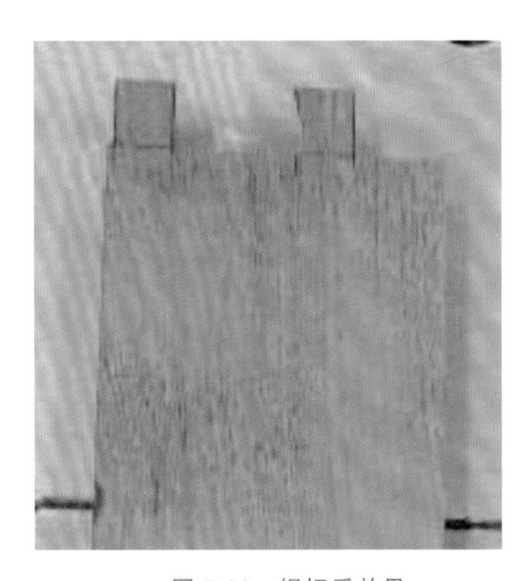

图 7-28　锯切后效果

(13)铣槽。将铣机的铣刀更换成 4 mm 的开槽刀,调整铣刀距靠山距离为约 5 mm(图 7-29),调整铣刀刀刃上端的高度为 16 mm(图 7-30)。

图 7-29　调整铣槽深度

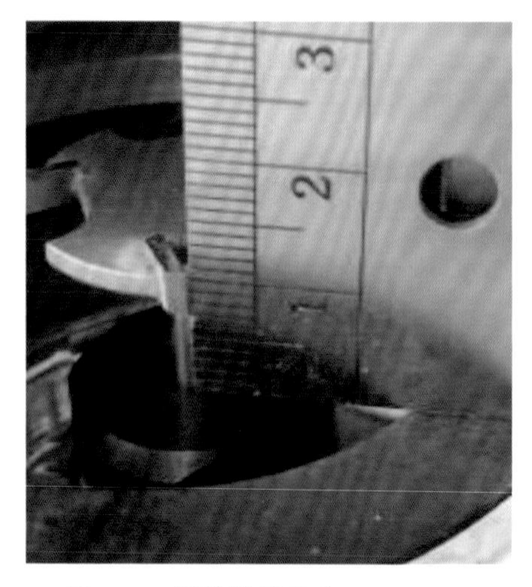

图 7-30　调整铣槽高度

(14)对前板、侧板和背板底部开槽(图 7-31 至图 7-33)。

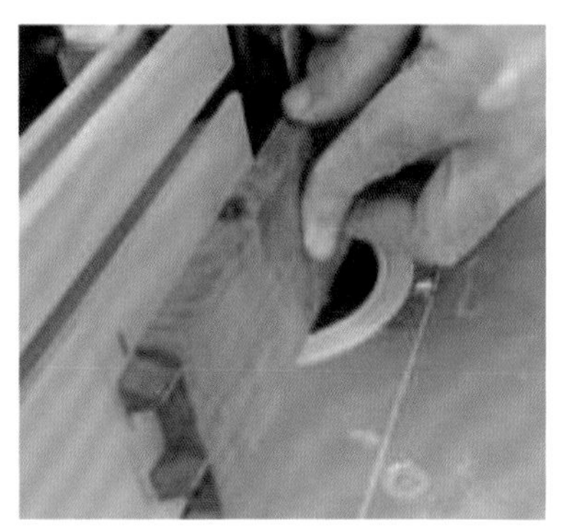

图 7-31　前板铣槽

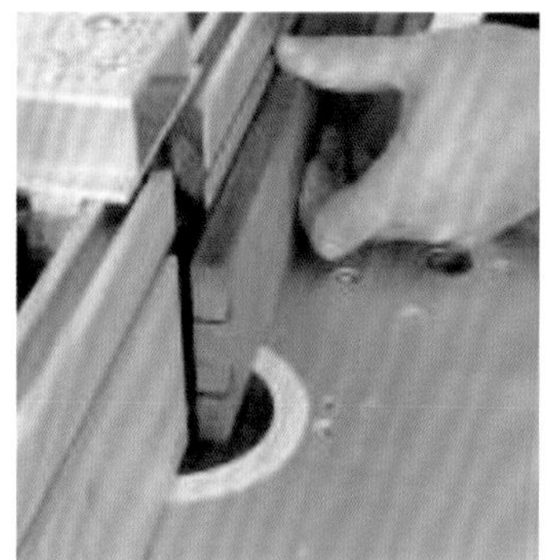

图 7-32　侧板铣槽

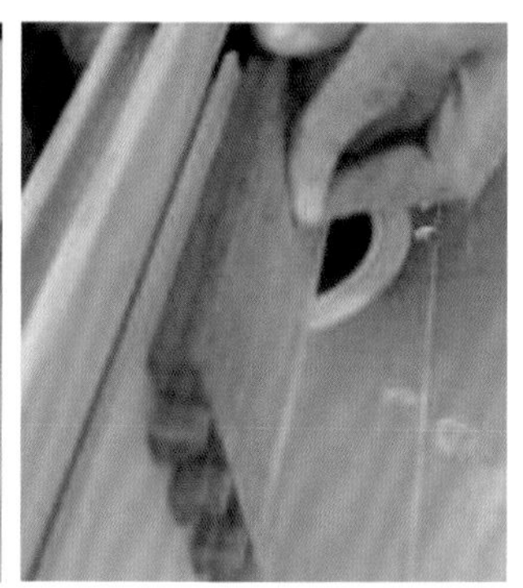

图 7-33　背板铣槽

(15)进行侧板底部开槽时,要注意槽两端不要开透,效果如图 7-34 至图 7-36 所示。

图 7-34　侧板铣槽细节 1

图 7-35　侧板铣槽细节 2

图 7-36　侧板铣槽细节 3

(16)调整铣刀刀刃上端的高度为 15 mm(图 7-37),对侧板和背板上部进行开槽(图

7-38)。由于上部的槽宽较宽,我们可以再次将铣刀往上调高 4 mm,重复刚才的操作,使槽的宽度变为 8 mm,开槽后的效果如图 7-39 所示。

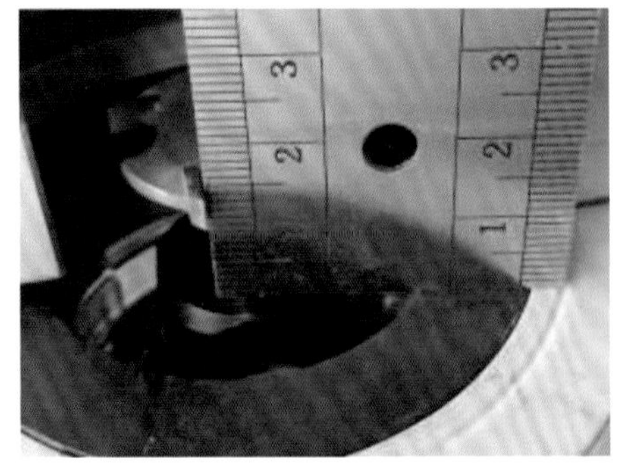

图 7-37 调整铣刀高度

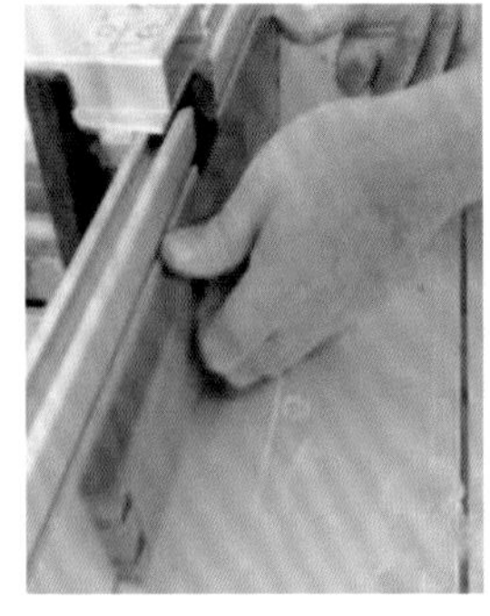

图 7-38 侧板与背板上部铣槽

图 7-39 铣槽后效果

(17)使用打磨机对板件进行打磨,将板件表面打磨光滑(图 7-40,图 7-41)。打磨时,可以先使用 180 目的砂纸进行打磨,然后再使用 240 目的砂纸进行打磨。

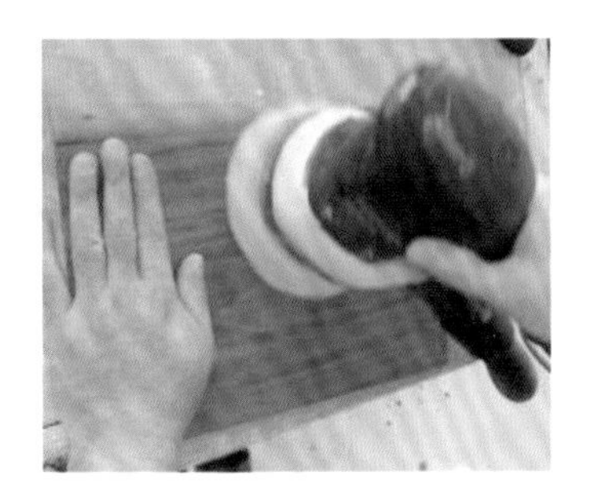

图 7-40 粗磨

图 7-41 细磨

(18)上胶(注:槽中不需上胶),按照顺序组装(图 7-42 至图 7-44)。

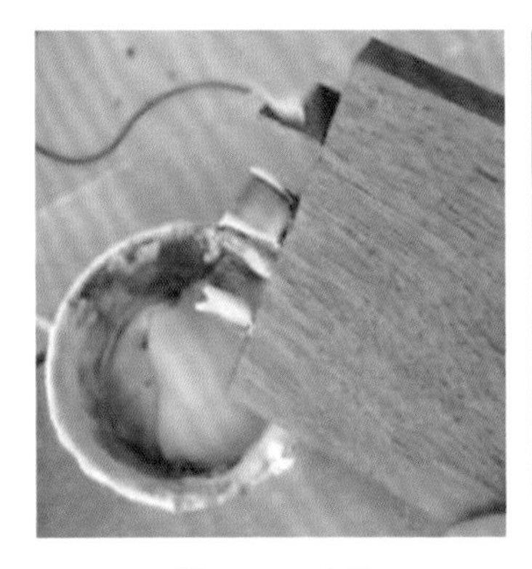

图 7-42 上胶

图 7-43 组装过程 1

图 7-44 组装过程 2

(19)组装好后(图 7-45),用夹具将其夹紧,等待胶水固化(图 7-46)。

图 7-45　组装后效果

图 7-46　夹具夹紧

(20)胶水固化后,松开夹具,用角磨机将凸出的榫头打磨平整(图 7-47,图 7-48)。

图 7-47　角磨机修整

图 7-48　角磨机修整细节

(21)如果加工不是很精确,可能有些榫头和榫眼之间会有缝隙,我们可以将粉末和胶水搅拌成糊状,然后涂抹在有缝隙的地方,将缝隙填充、涂抹好后,等待胶水固化(图 7-49,图 7-50)。

图 7-49　修补

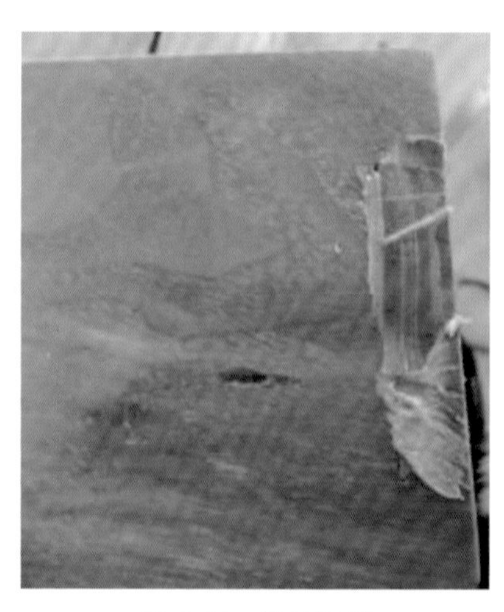

图 7-50　修补细节

(22)待胶水固化后,用打磨机将各个部位打磨平整、光滑(图 7-51,图 7-52)。

图 7-51　打磨

图 7-52　打磨细节

(23)制作盖板的拉手。在盖板的一端画一个长方形(图 7-53),大小和位置根据自己的喜好来定,固定盖板,并用凿子在画线处轻轻往下凿,凿出一条线,如图 7-54 所示。

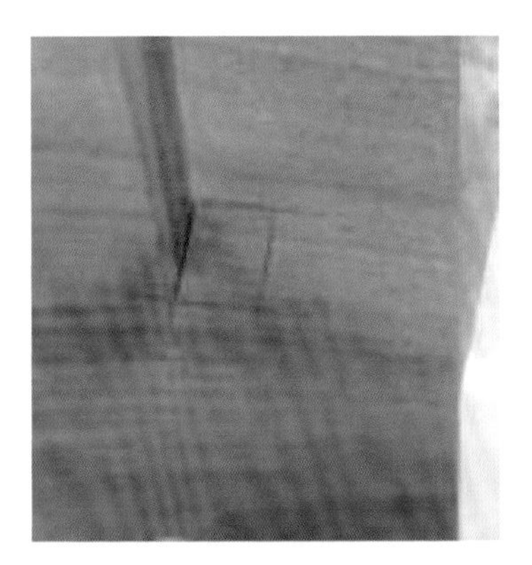

图 7-53　画线

图 7-54　凿线

(24)配合圆弧形凿刀,使用圆弧形凿刀(图 7-55,图 7-56)在两侧挖出如图 7-57 所示的形状。

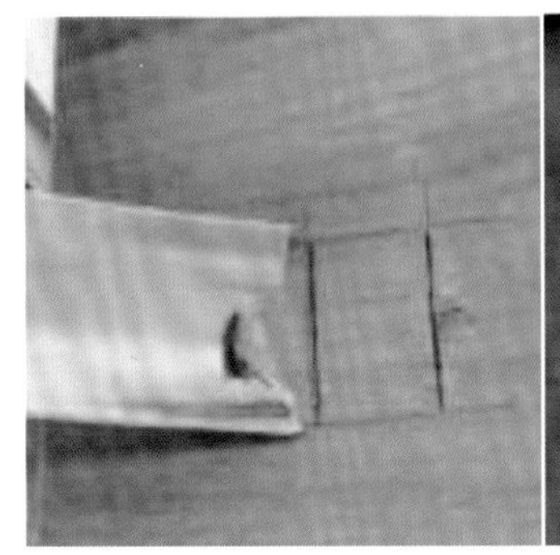

图 7-55　凿刀凿形

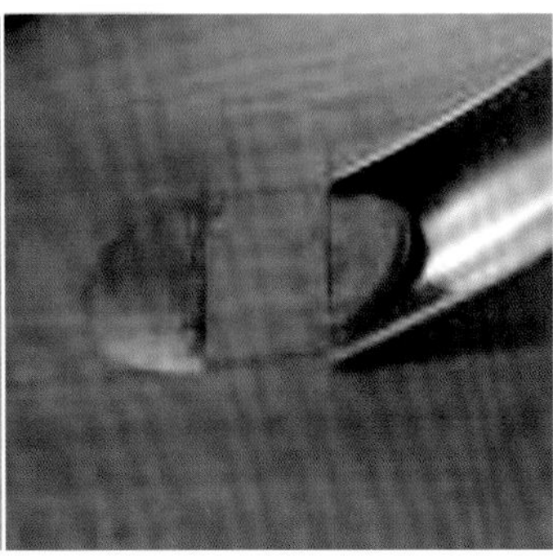

图 7-56　凿刀凿形过程

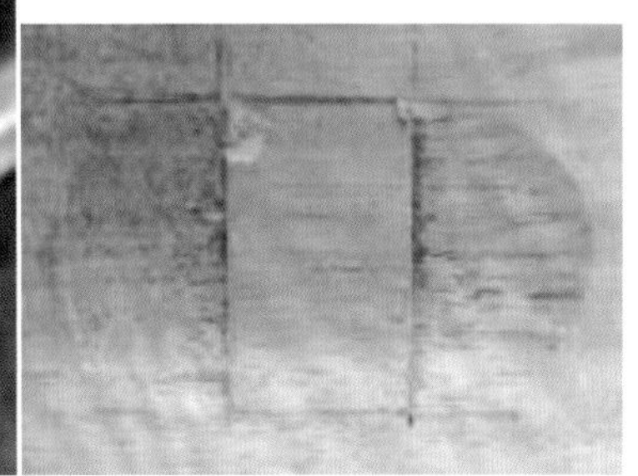

图 7-57　凿形效果

(25)使用砂纸,对挖出来的形状进行手工砂磨(图 7-58,图 7-59)。

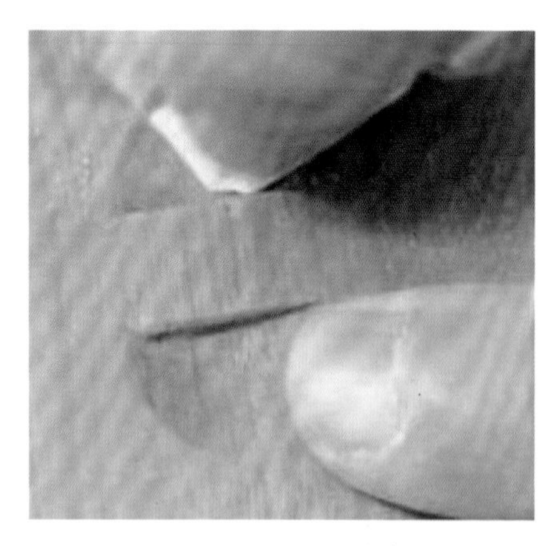
图 7-58　手工砂磨

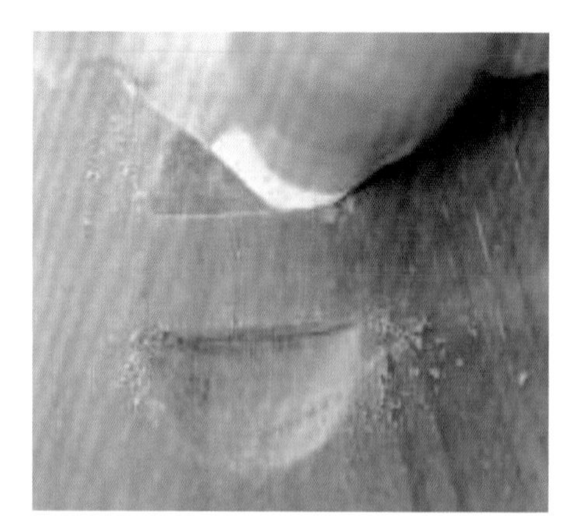
图 7-59　手工砂磨细节

(26)将盖板装上收纳盒,效果如图 7-60 与图 7-61 所示,最后可以对收纳盒上油进行保护。

图 7-60　最终效果 1

图 7-61　最终效果 2

第八章
床头柜制作

本章我们要制作一个床头柜，该床头柜整体高 550 mm，长 460 mm，宽 380 mm。床头柜由柜体框架与抽屉组成，框架由四条柜腿、四条侧档、两块侧板以及三块层板组成。抽屉则由抽前板、左右抽侧板、抽背板与抽底板组成。床头柜各部分的 CAD 图纸分别如图 8-1 至图 8-3 所示，效果图如图 8-4 所示。

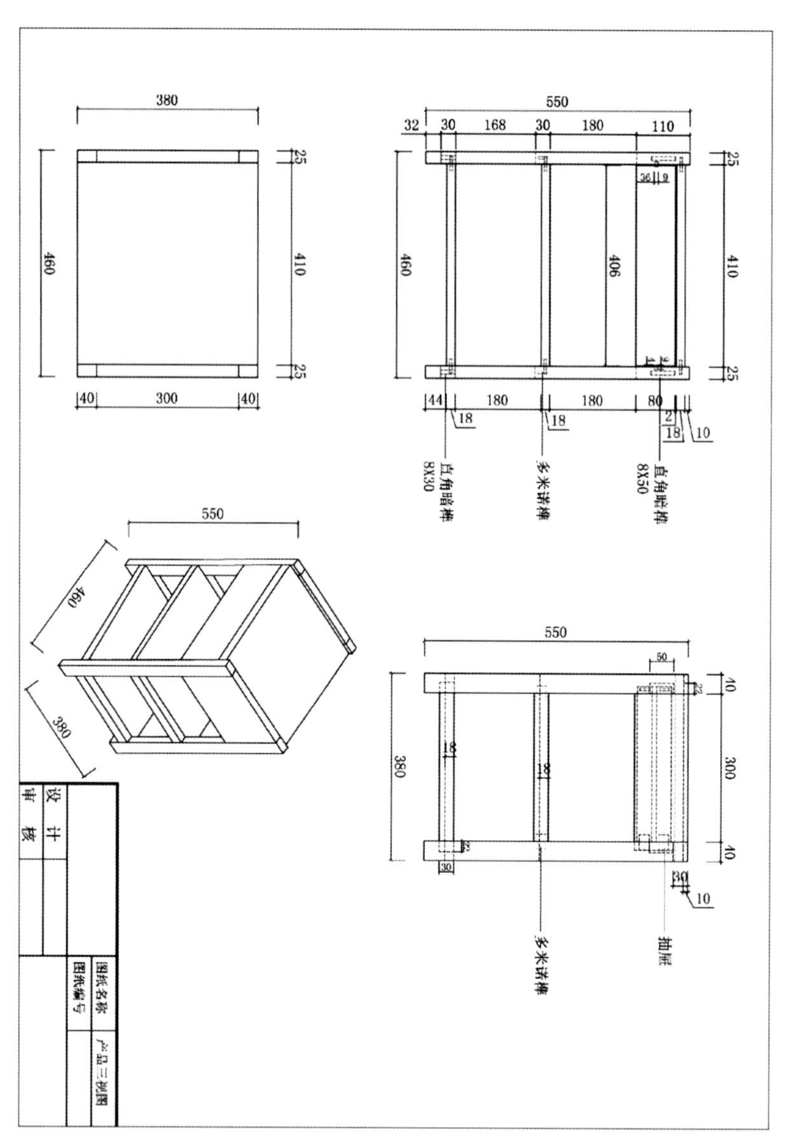
380
460
410
25
40
300
550
32
30
168
180
110
406
44
80
18
2
10
直角暗榫
8X30
多米诺榫
8X50
50
40
22
抽屉
设 计
审 核
图纸名称
产品三视图
图纸编号

图 8-1　床头柜三视图

抽屉：

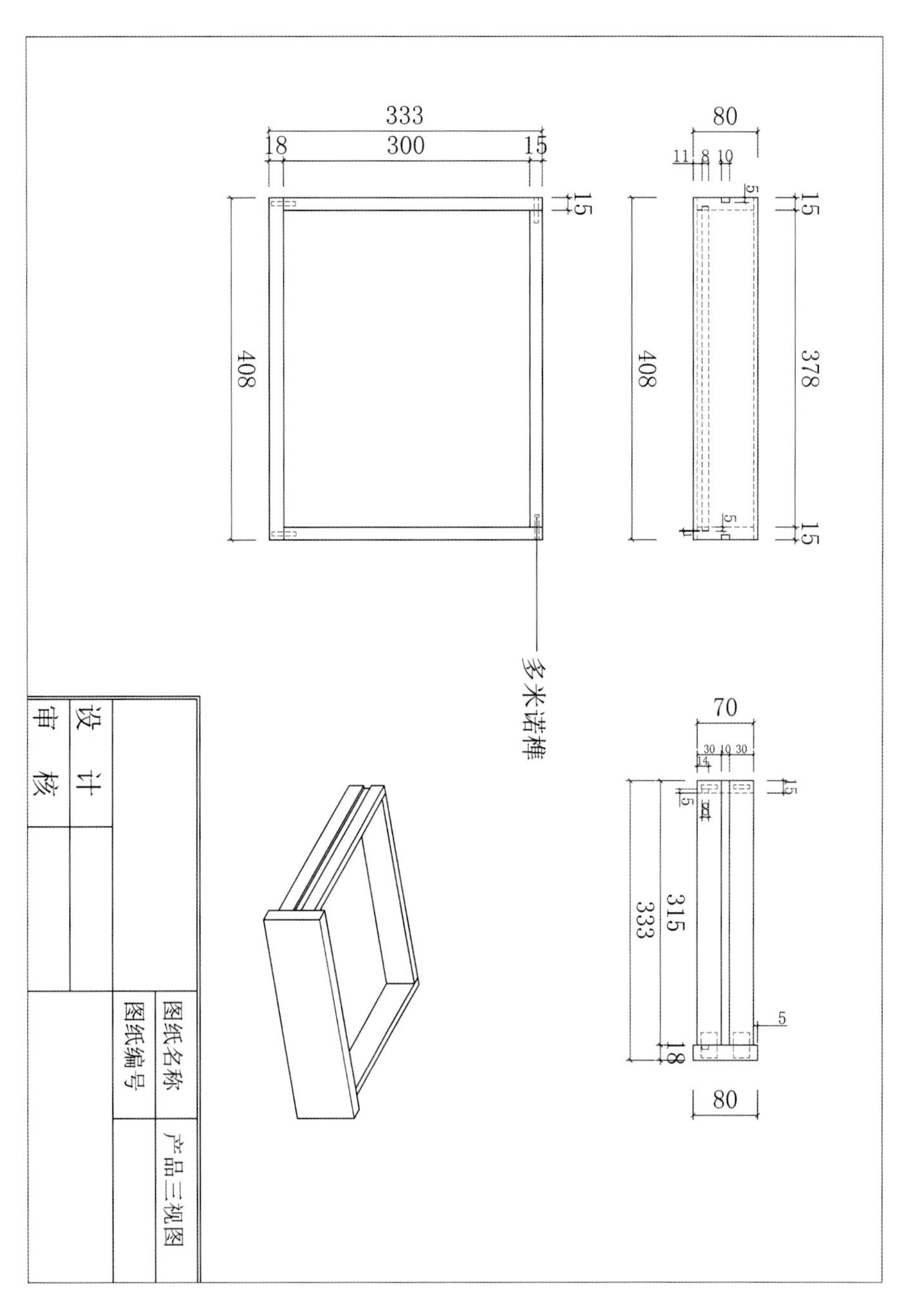
333
18
300
15
408
80
11 8 10
5
378
多米诺榫
70
30 10 30
14
315
333
18
80
设计
审核
图纸名称
产品三视图
图纸编号

图 8-2　抽屉结构图

层板：

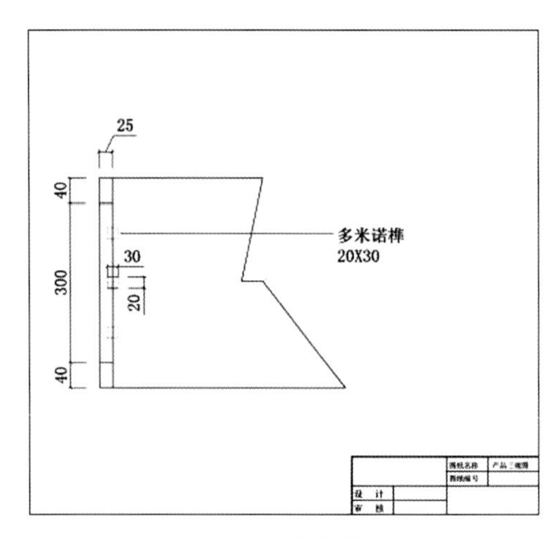

图 8-3 层板结构图

图 8-4 床头柜实物图

一、框架制作

(1)准备四块宽 25 mm，深 40 mm，高约 552 mm 的木料，这四块木料为床头柜框架的柜腿。接着在宽 25 mm 的面上根据图纸画出如图 8-5 至图 8-7 所示的线，画这些线主要是为了确定榫眼的位置，其中方孔尺寸为 8 mm×50 mm，其余榫眼为多米诺榫眼。

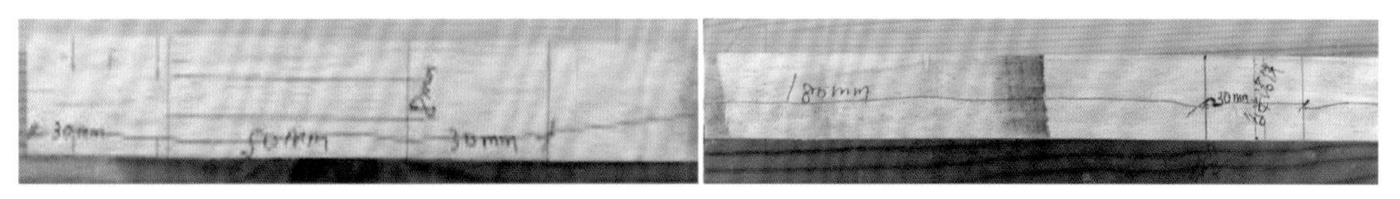

图 8-5　柜腿画线 1

图 8-6　柜腿画线 2

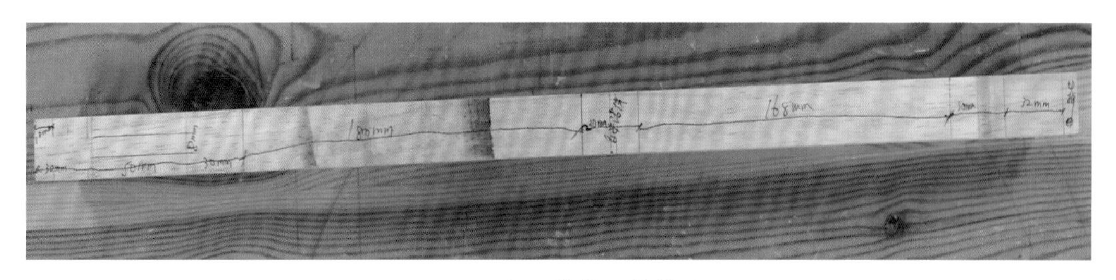

图 8-7　柜腿整体画线效果

(2)将柜腿固定在方孔钻上，将方孔钻 8 mm 的钻头调整到与工件表面刚好接触(图 8-8)，然后调整方孔钻限位杆的高度为 22 mm 左右(图 8-9)。

图 8-8　方孔钻准备凿眼

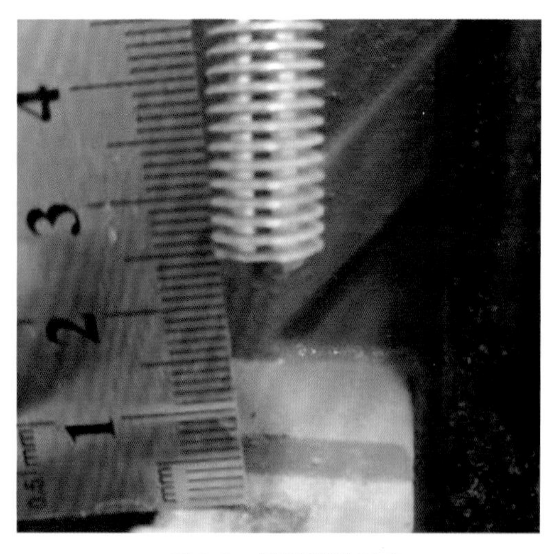

图 8-9　调整凿眼深度

(3)开动机器，将榫眼加工完成(图 8-10)，加工完成后的效果如图 8-11 所示。

(4)使用型材切割锯切割工件，开启型材切割锯的红外线，将工件的高度尺寸精确切割为 550 mm(图 8-12，图 8-13)。

图 8-10 凿眼过程

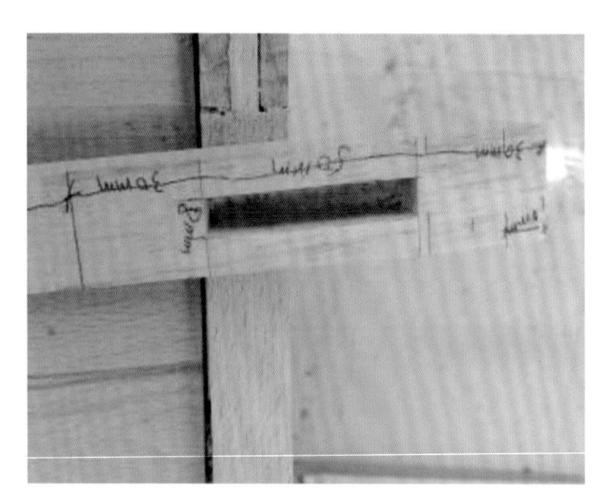

图 8-11 凿眼效果

图 8-12 锯切

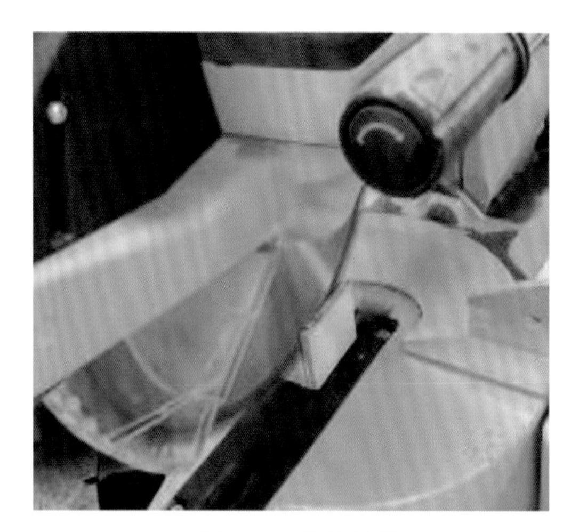

图 8-13 锯切过程

(5)使用多米诺榫机(型号为 DF500)打榫眼。调整机器的孔距限位开关为 25(图 8-14),孔深设置为 15(图 8-15),孔的大小为最小(图 8-16)。

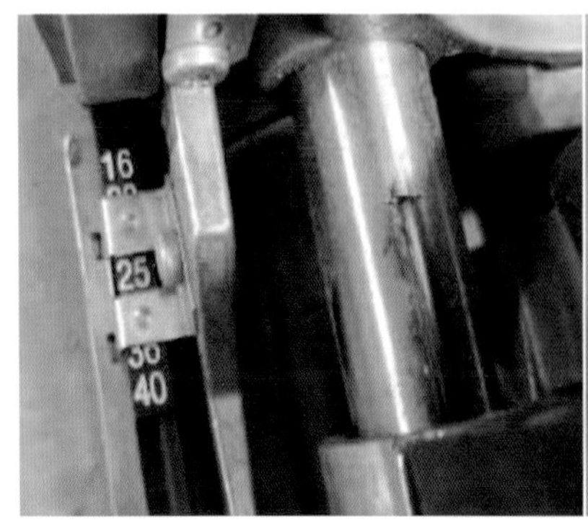

图 8-14 调整孔距限位开关

图 8-15 调整孔深

图 8-16 调整打孔大小

(6)将工件固定在木工桌台面上(图 8-17),将机器靠紧工件 25 mm 宽的一面,同时将机器上的中线对准工件上所画的线(图 8-18),启动机器开榫眼(图 8-19)。工件上另一个榫眼用同样的方法制作。

图 **8-17**　固定工件

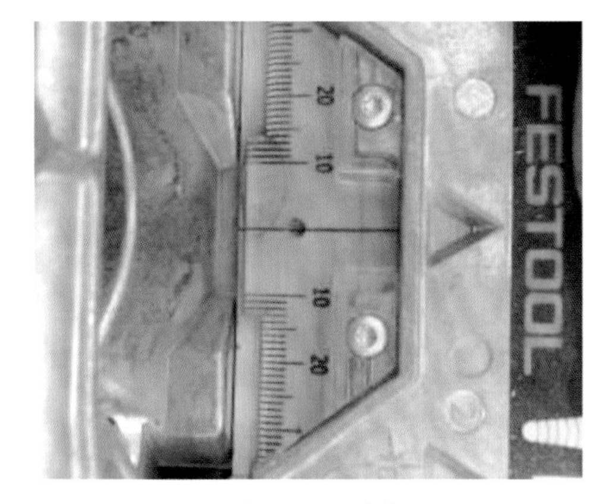

图 **8-18**　对线

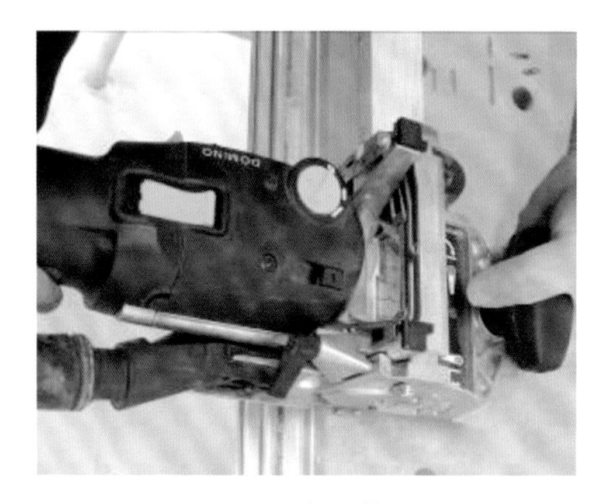

图 **8-19**　加工榫眼

(7)重复步骤(1)至步骤(6),将其余几根柜腿加工完成,完成后的效果如图 8-20 所示。

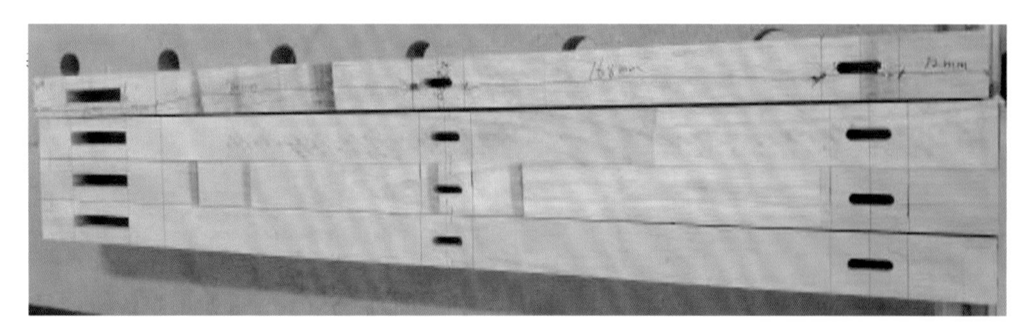

图 **8-20**　榫眼加工效果

(8)加工左右侧板。准备两块长 350 mm(大于实际长度)、宽 40 mm、高 110 mm 的侧板,在长度方向上画线,确定榫头长度为 22 mm,侧板实际长为 344 mm(图 8-21)。

图 8-21　侧板画线

(9)继续画线，确定侧板榫头的宽度为 50 mm(图 8-22)，并将线延伸到侧面(图 8-23)。

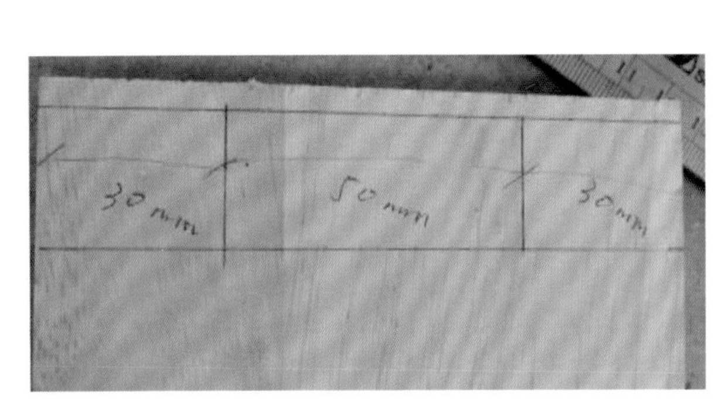

图 8-22　侧板画线细节 1

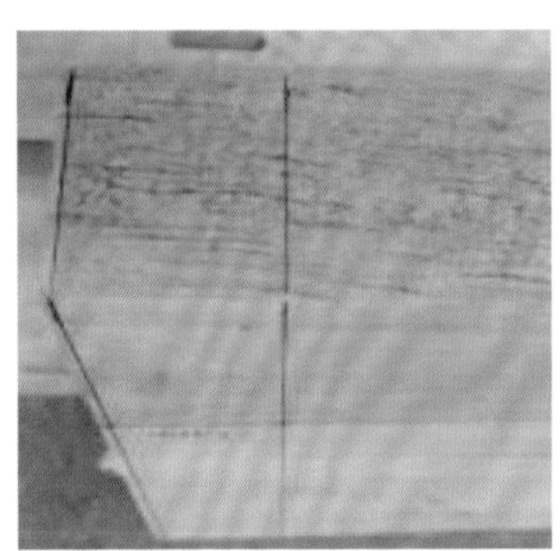

图 8-23　侧板画线细节 2

(10)用型材切割锯将侧板的长度精确切割为 344 mm(图 8-24)，并在侧边画出榫头的厚度(图 8-25)。

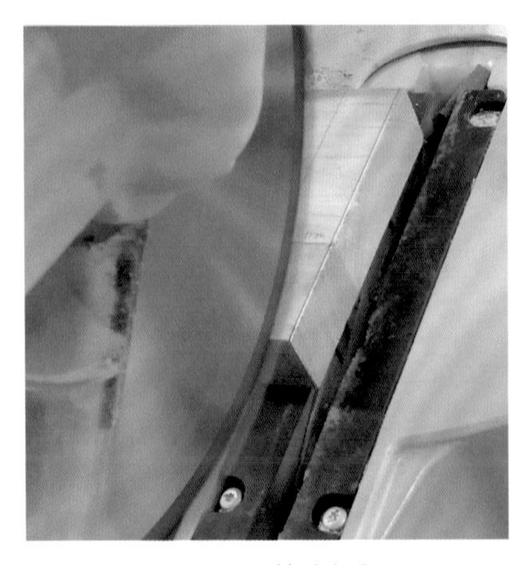

图 8-24　精确锯切

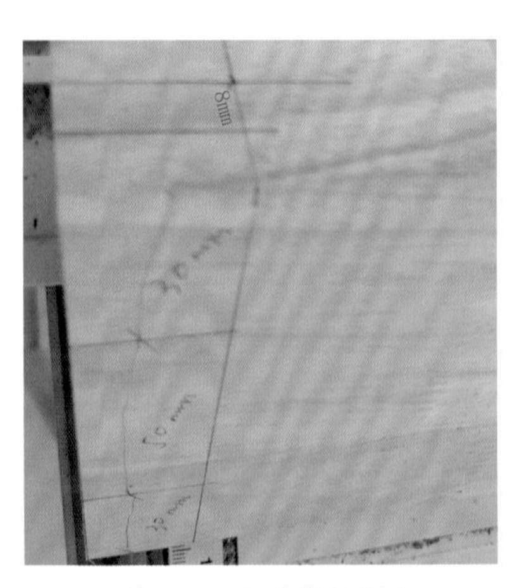

图 8-25　确定榫头厚度

(11)切割侧板榫头。将跟刀板按压至与锯片齐平，然后拆掉台锯上的保护罩，调整台锯锯片内侧(靠近靠山一侧)到靠山的距离为 16.5 mm(图 8-26)，调整锯片高度为 22 mm(图 8-27)(或将锯片最高点调整到如图 8-27 所示的横线位置)。

图 8-26　台锯调整

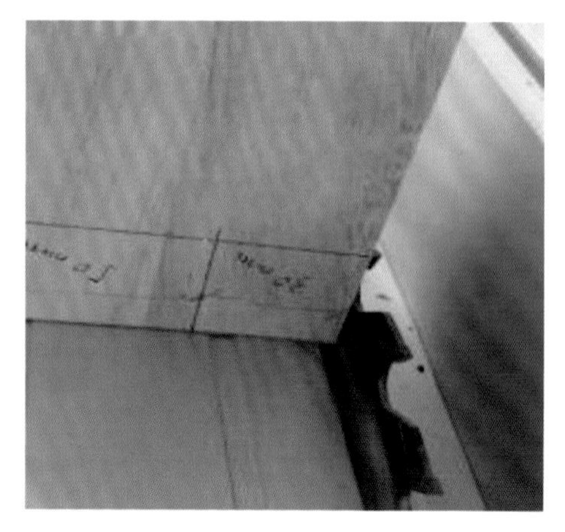

图 8-27　台锯锯片高度调整

(12)按照如图 8-28 与图 8-29 所示的方法对工件进行切割。

图 8-28　锯切

图 8-29　锯切细节

(13)调整锯片另一侧到靠山的距离为 30 mm(图 8-30)，按照如图 8-31 所示的方法进行切割。注意：在推动工件切割之前，一定要在工件后面使用辅助材料，增大工件与靠山的接触面积，然后推动工件进行切割。

(14)调整锯片的高度，使锯片高度处在工件下部的缝隙之间(图 8-32)，借助台锯一侧的推台(图 8-33)，推动工件进行锯切。

图 8-30 再次调整台锯

图 8-31 锯切

图 8-32 调整锯片高度

图 8-33 工件限位

(15)按照同样的方法,将工件榫头多余的材料切除掉(图 8-34 至图 8-36 所示)。

图 8-34 调整锯片高度

图 8-35 锯切榫头多余材料

图 8-36 锯切榫头另一端多余材料

(16)用同样的方法将另一侧板的榫头制作出来,效果如图 8-37 所示。

图 8-37 榫头制作效果

(17)在左右两侧板的侧面(如图 8-38 所示)画线,距离左右边缘 30 mm 处各画一条线,中间处画一条线。

图 8-38 左右侧板画线

(18)将多米诺 DF500 的孔距调整为 19 mm(图 8-39),固定工件,参照步骤(6)的方法对左右侧板开榫眼(图 8-40),效果如图 8-41 所示。

图 8-39 调整孔距　　图 8-40 加工榫眼　　图 8-41 榫眼效果

(19)在侧板上画出槽的位置和宽度(图 8-42)。

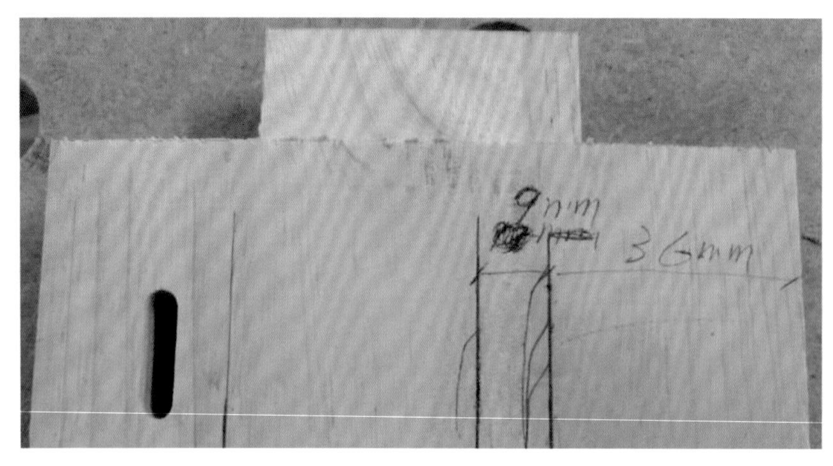

图 8-42　侧板画线

(20)铣槽。将铣机的铣刀更换为 9 mm 的开槽直刀,并调整铣刀高度为 5 mm(图 8-43),铣刀刀刃(靠近靠山一侧)到靠山距离为 36 mm(图 8-44)。

图 8-43　调整铣槽深度

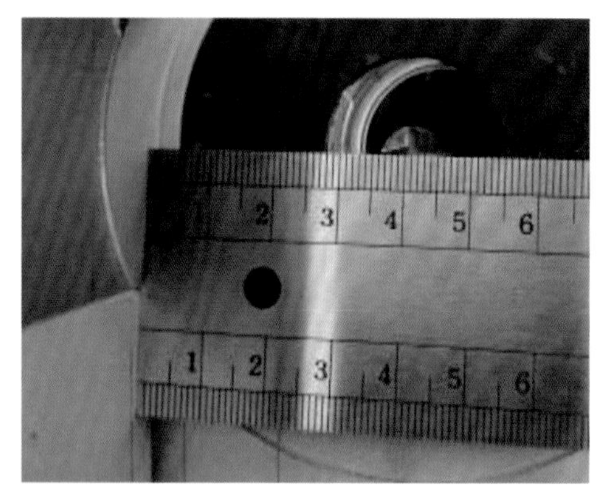

图 8-44　调整铣槽位置

(21)对左右侧板进行铣槽(图 8-45),铣槽后的效果如图 8-46 所示。

图 8-45　铣槽

图 8-46　铣槽效果

(22)加工横档。画线,确定横档的长度为 300 mm(图 8-47),并用型材切割锯将工件精确切割为 300 mm(图 8-48)。注意:由于这里使用的横档材料的宽度和厚度均已加工好,故只需将长度加工成所需的尺寸。

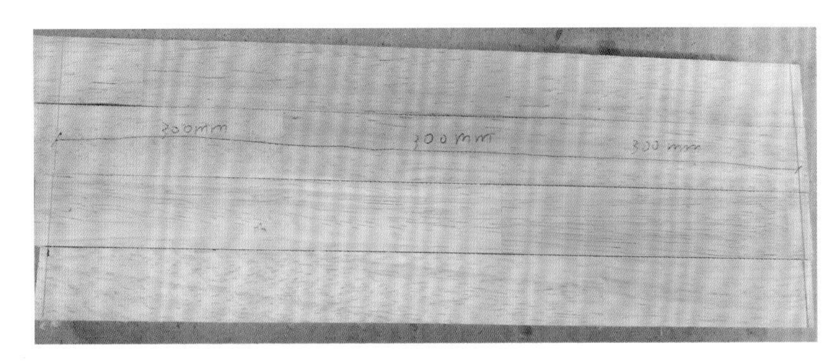

图 8-47　横档画线

图 8-48　精确切割

(23)在横档 25 mm 宽的面上画线,在距离左右边缘 30 mm 处各画一条线,横档的中间位置画一条线(图 8-49)。

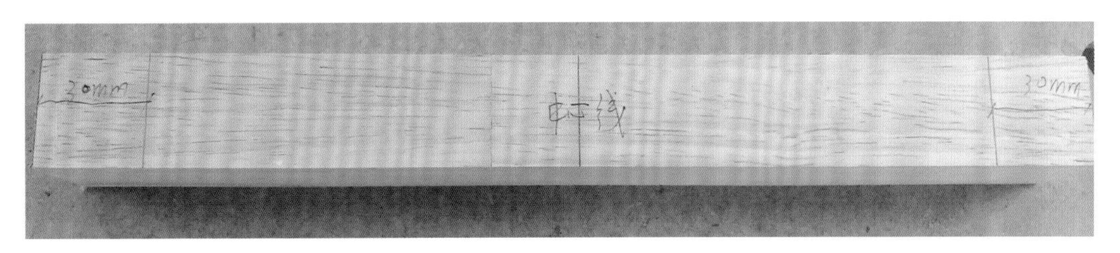

图 8-49　再次画线

(24)调整多米诺机器的孔距为 9 mm(孔中心距离上边缘的距离,见图 8-50),将机器上的中心线对准所画的线进行开榫眼(图 8-51)。

图 8-50　调整孔距

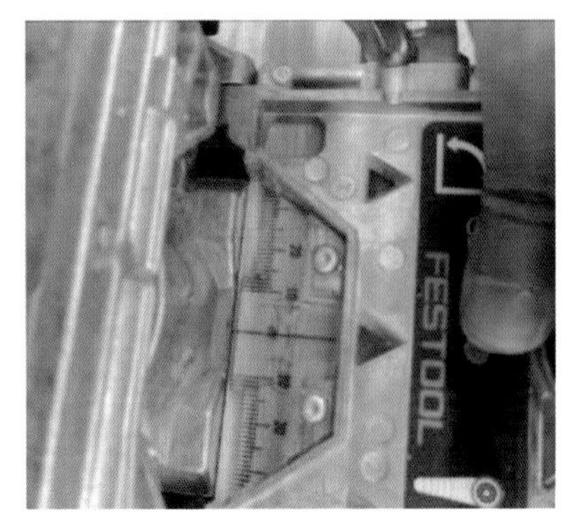

图 8-51　加工榫眼

(25)开榫眼后的效果如图 8-52 与图 8-53 所示。

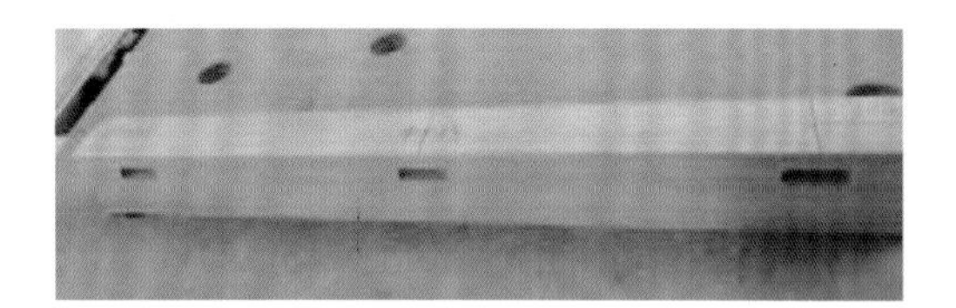

图 8-52　榫眼效果

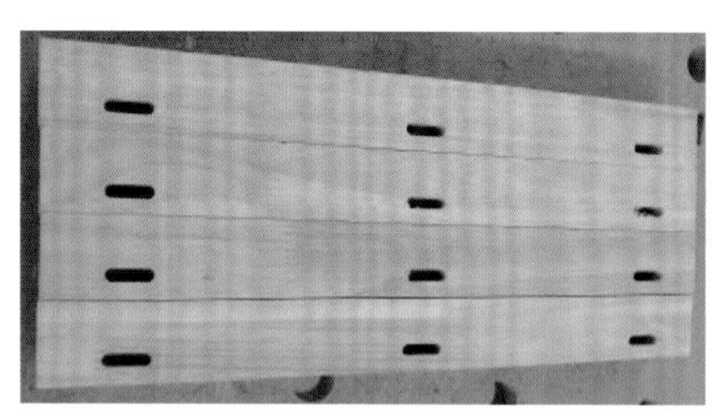

图 8-53　榫眼细节

(26)参照上述方法,对横档的端面开榫眼(图 8-54),效果如图 8-55 所示。

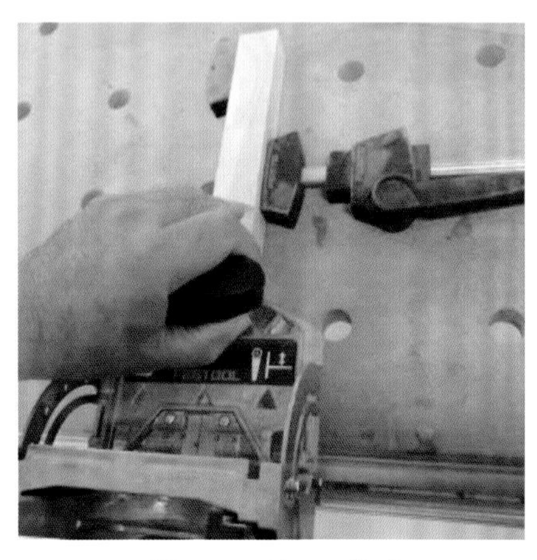

图 8-54　端面开榫眼

图 8-55　端面榫眼效果

(27)准备三块 410 mm×380 mm×18 mm 的木板(图 8-56),并在 380 mm 宽的一面画一条中线,在左右距离中线 120 mm 处分别画一条线(图 8-57),这些线为打多米诺榫的基准线。

图 8-56　画线

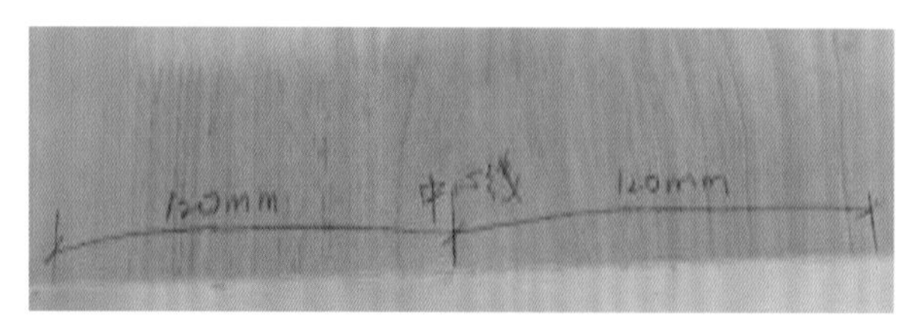

图 8-57　画线细节

(28)调整机器的孔距为 9(图 8-58),将机器对准所画的线(图 8-59),启动机器开榫眼(图 8-60)。

图 8-58　调整多米诺开榫机

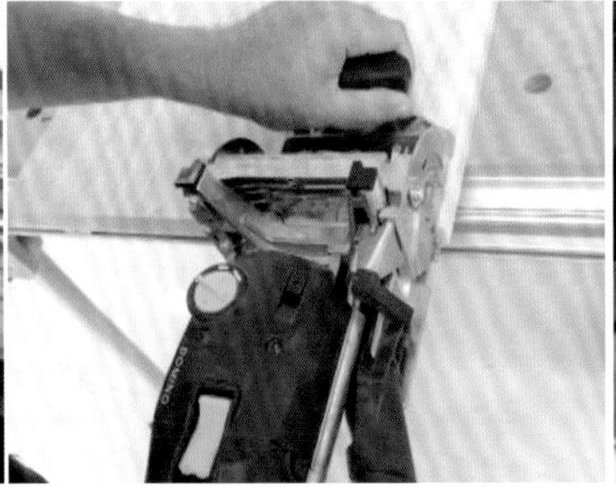

图 8-59　对准画线

图 8-60　加工榫眼

(29)板件的两侧都要开榫眼(图 8-61),榫眼加工完成后的效果如图 8-62 所示。

图 8-61　另一端加工榫眼

图 8-62　加工后效果

(30)用打磨机先对各个工件进行打磨,将工件打磨光滑,同时将工件上画的线打磨掉(图 8-63,图 8-64)。

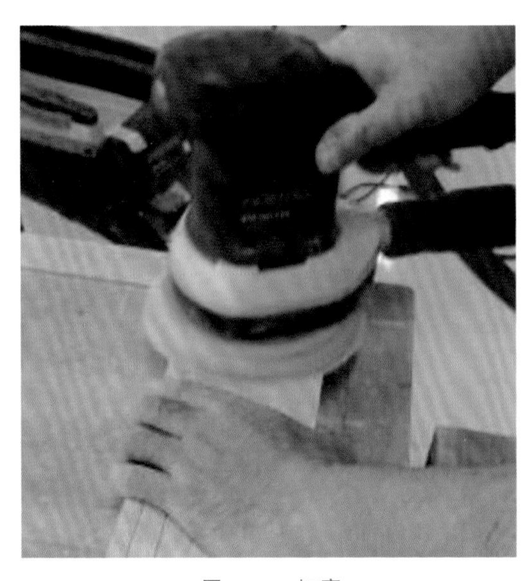

图 8-63　打磨

图 8-64　打磨过程

(31)涂胶(图 8-65)后组装(图 8-66),组装时应分别对床头柜的两侧框架进行组装,用夹具夹紧,等待胶水固化(图 8-67)。

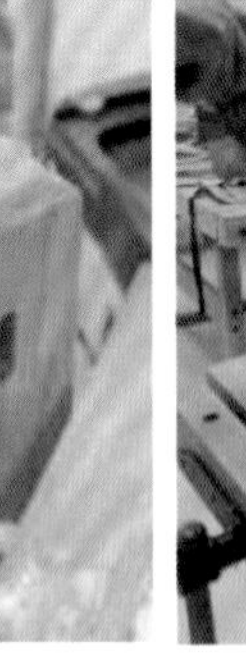

图 8-65　涂胶

图 8-66　组装左右框架

图 8-67　夹具夹紧

(32)制作一根 300 mm×9 mm×9 mm 的木路轨,将其用胶水粘在侧板的槽中(图 8-68)。同时将多米诺榫涂胶,装入左右框架的榫眼中(图 8-69,图 8-70)。

图 8-68　装入木路轨

图 8-69　装入多米诺榫片

图 8-70　层板端部涂胶

(33)将床头柜左右框架及层板组装起来(图 8-71),并用夹具夹紧,等待胶水固化(图 8-72)。

图 8-71　组装左右框架与层板

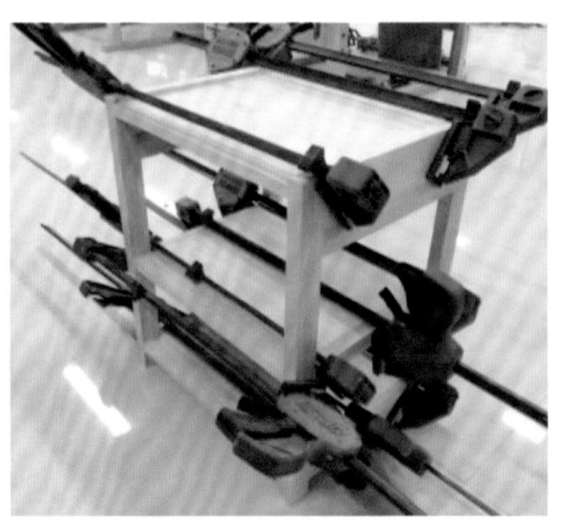

图 8-72　夹具夹紧

二、制作抽屉

(1)准备两块 320 mm×70 mm×15 mm 的抽屉侧板,并在侧板上画如图 8-73 与图 8-74 所示的线。

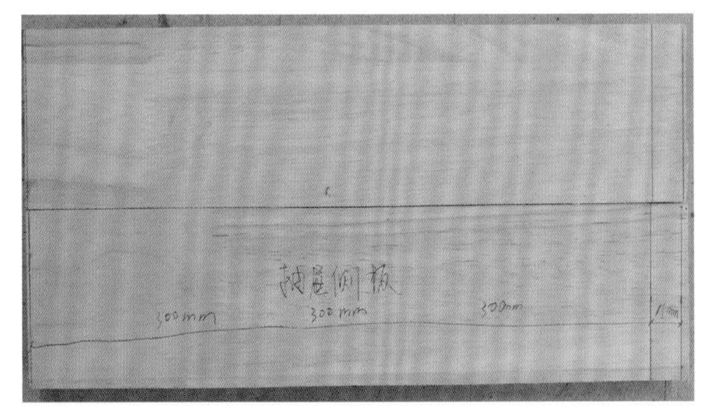

图 8-73　抽屉侧板画线

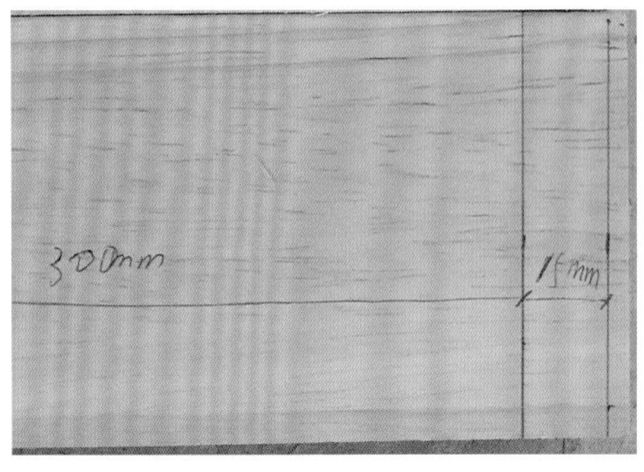

图 8-74　侧板画线细节

(2)使用型材切割锯将侧板长度尺寸精确切割为 320 mm(图 8-75),切割完成后,在其中一侧画如图 8-76 所示的线。

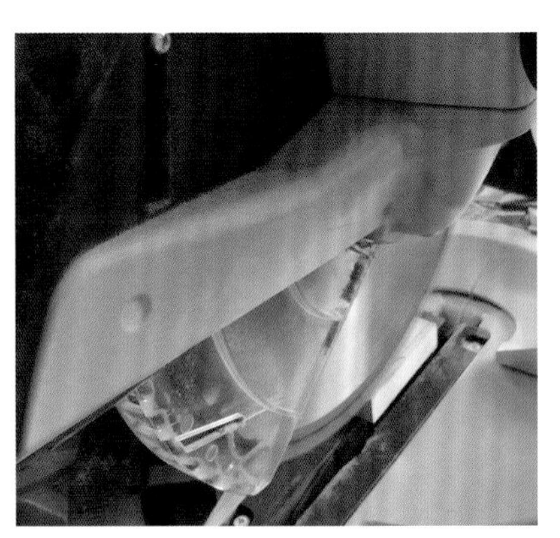

图 8-75　精裁

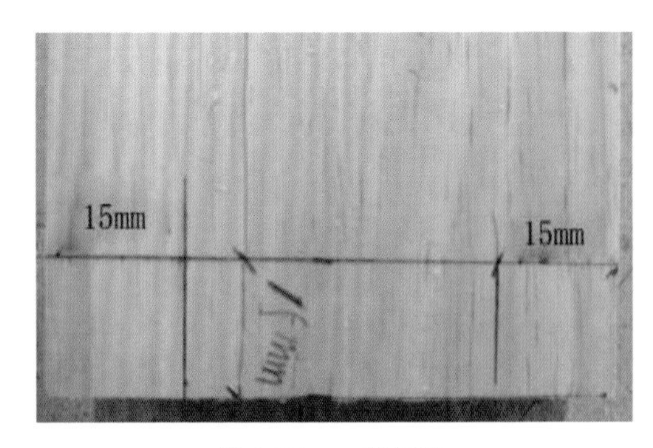

图 8-76　一侧画线

(3)调整多米诺机器孔距为 7.5(图 8-77),同时借助机器上自带尺寸,使板件边缘对准机器上 15 mm 处的线(图 8-78),对侧板一端开榫眼。

(4)将机器立置(图 8-79),对侧板另一侧开榫眼,效果如图 8-80 所示。

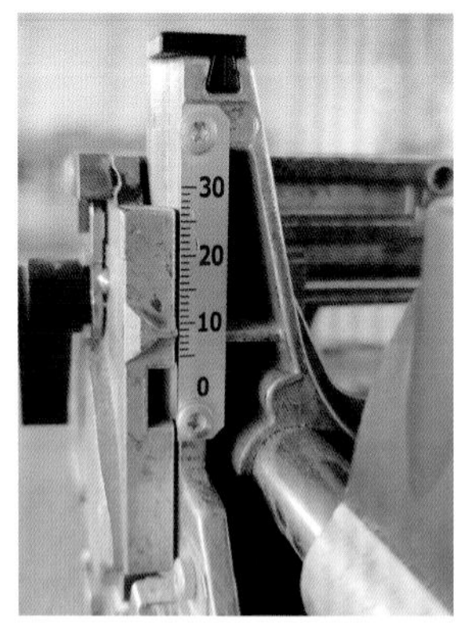

图 8-77　调整孔距

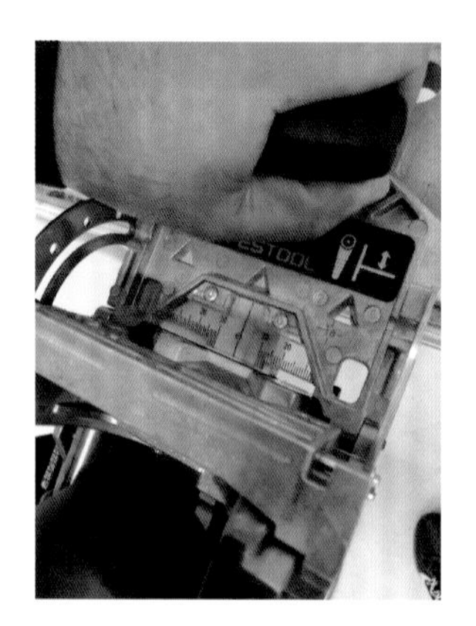

图 8-78　对线

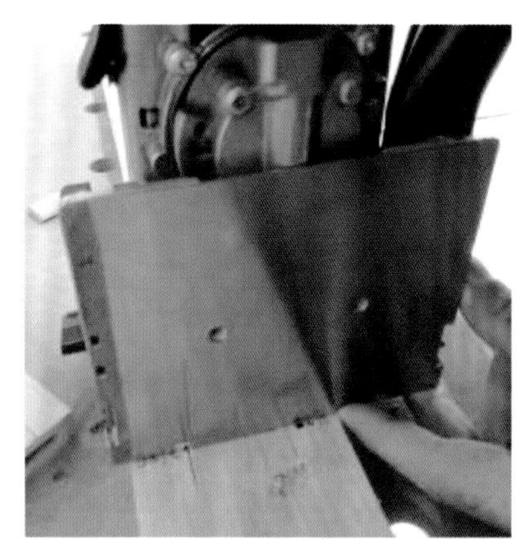

图 8-79　立置机器开榫眼

图 8-80　榫眼效果

(5)铣槽。将铣机的铣刀更换为 10 mm 的直刀,调整刀刃内侧(靠近靠山一侧)距靠山距离为 30 mm(图 8-81),调整铣刀高度约为 5 mm(图 8-82)。

图 8-81　调整铣槽位置

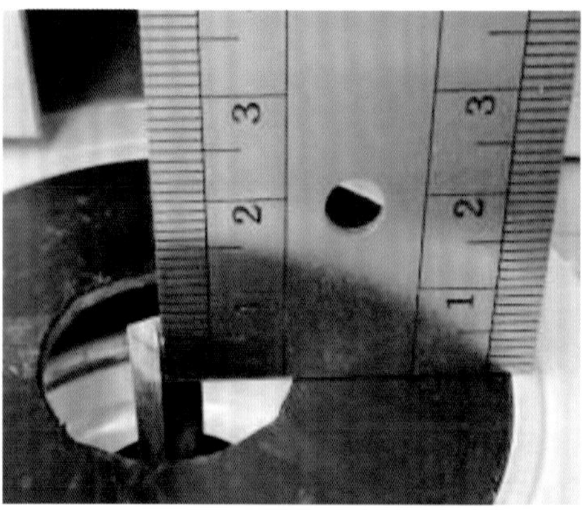

图 8-82　调整铣槽深度

(6)对侧板进行开槽(图 8-83)。注意:该槽为整个抽屉与木路轨相配合的槽,要与后面抽屉底板的槽相区分,底板的槽与木路轨的槽不在同一个面。

(7)更换铣机的铣刀,将铣刀更换为 8 mm 的开槽刀,调整刀刃距离靠山的距离为 5 mm(图 8-84),铣刀刀刃上端高度为 14 mm(图 8-85)。

图 8-83 侧板开槽

图 8-84 调整铣槽深度

图 8-85 调整铣槽高度

(8)对侧板再次开槽,该槽为装抽屉底板的槽(图 8-86,图 8-87)。

(9)加工抽屉前板。抽屉前板的尺寸为 408 mm×80 mm×18 mm(图 8-88),先在材料上画线(图 8-89)。

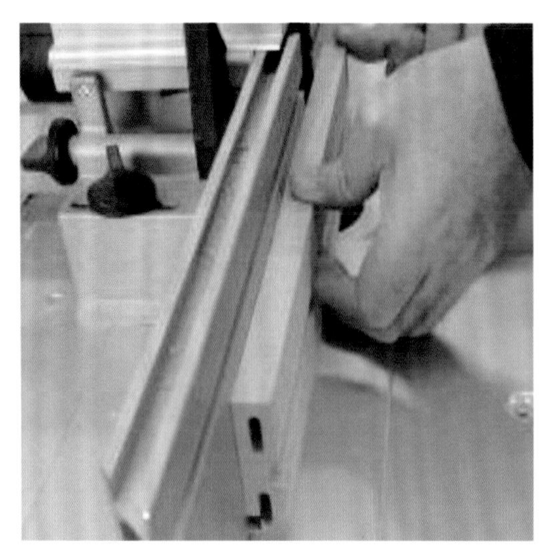

图 8-86　侧板再次开槽

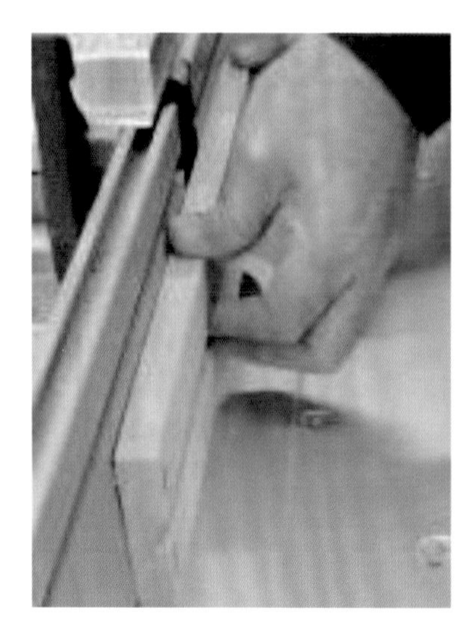

图 8-87　开槽过程

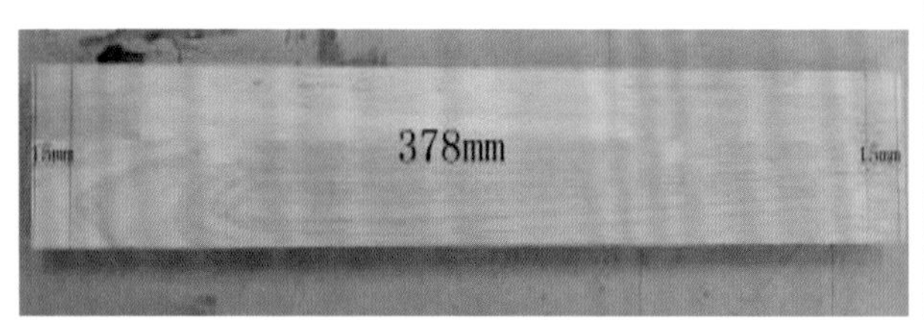

图 8-88　抽屉前板画线

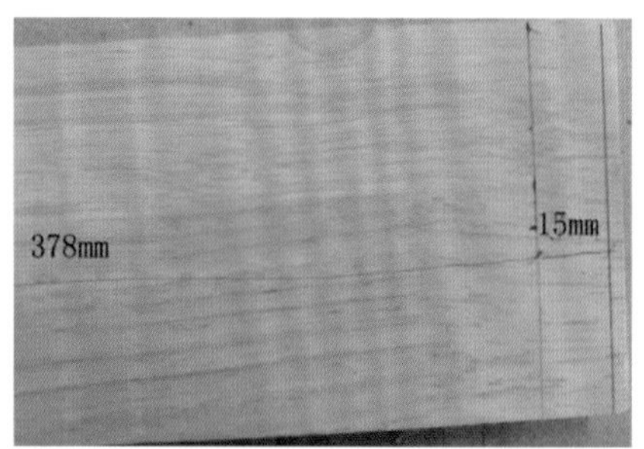

图 8-89　画线细节

(10)将工件精裁,将其长度加工成 408 mm(图 8-90),然后在板的两端用多米诺开榫机立置开榫眼(图 8-91)。注意:两个榫眼要开在 15 mm 宽度的中间处,如图 8-92 所示。

图 8-90　精裁

图 8-91　立置开榫眼

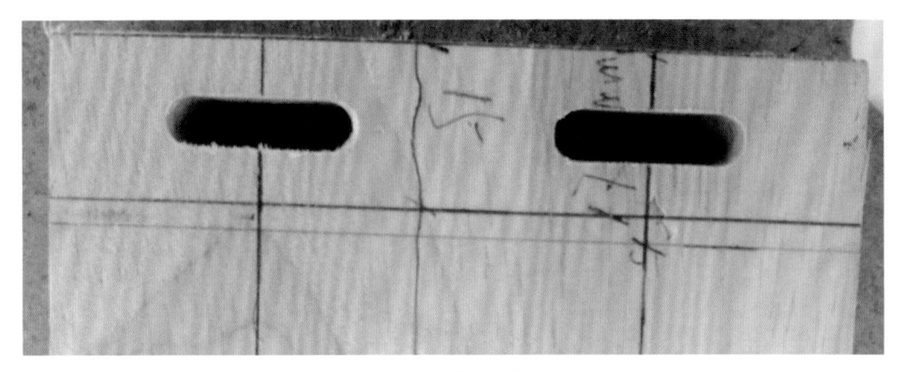

图 8-92　榫眼效果

(11)开装底板的槽。在步骤(7)的基础上，调整铣刀刀刃上端高度为 19 mm(图 8-93)，对抽屉前板开槽(图 8-94)。

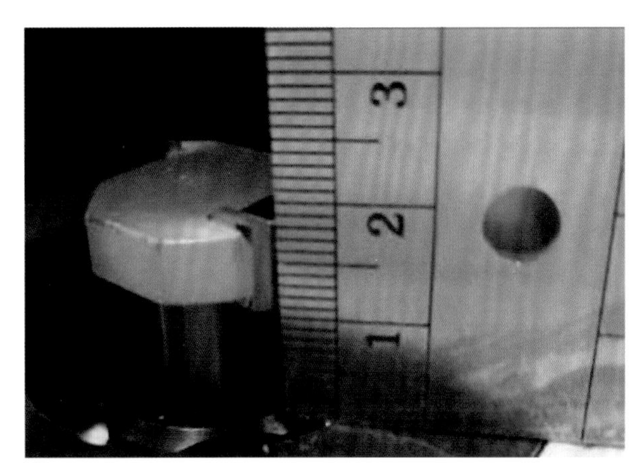

图 8-93　调整铣刀高度

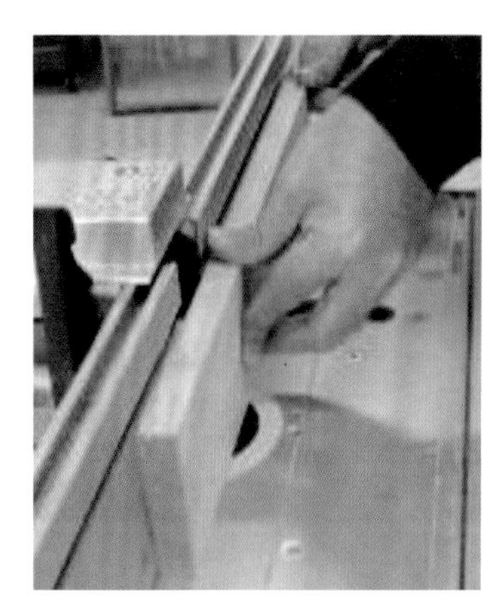

图 8-94　铣槽

(12)用同样的方法加工抽屉背板，对其进行画线(图 8-95)、裁切、打榫眼、开底板槽。最终抽屉前板、侧板和背板加工后的效果如图 8-96 所示。

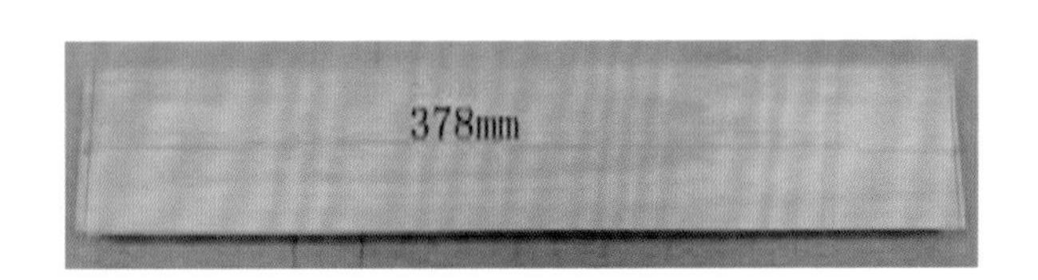

图 8-95　背板画线

图 8-96　加工后的效果

(13)准备一块 388 mm×308 mm×8 mm 的底板(图 8-97)，同时用打磨机将所有板件打磨光滑(图 8-98)。

图 8-97　底板

图 8-98　打磨工件

(14)上胶(图 8-99)后组装(图 8-100)。

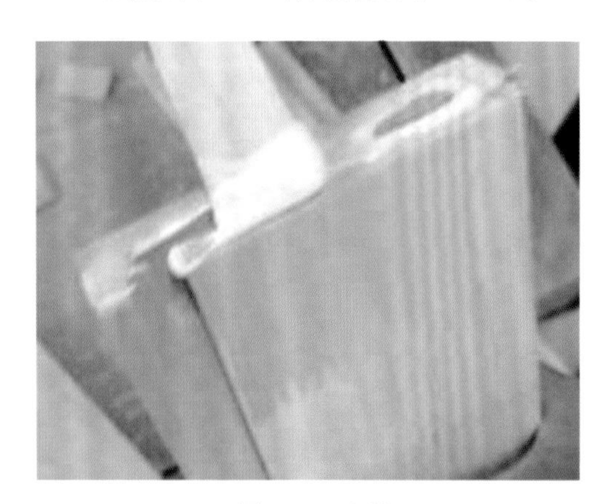

图 8-99　上胶

图 8-100　组装

(15)用夹具固定抽屉(图 8-101),等待胶水固化(图 8-102)。

图 8-101　夹具夹紧

图 8-102　等待胶水固化

(16)胶水固化后,将抽屉装入床头柜中(图 8-103),整体效果如图 8-104 所示,后期可对其上木蜡油进行防护。

图 8-103　柜体装入抽屉

图 8-104　整体效果

第九章

架格制作

本章我们要制作一个置物架，该架整体高度为 1800 mm，宽度为 600 mm，深度为 300 mm，具体尺寸见图 9-1。架腿与横档及侧档均采用榉木制作，层板采用黑胡桃木制作。该架格由四条架腿、十二根横档、十二根侧档以及六块层板组成，效果图如图 9-2 与图 9-3 所示。

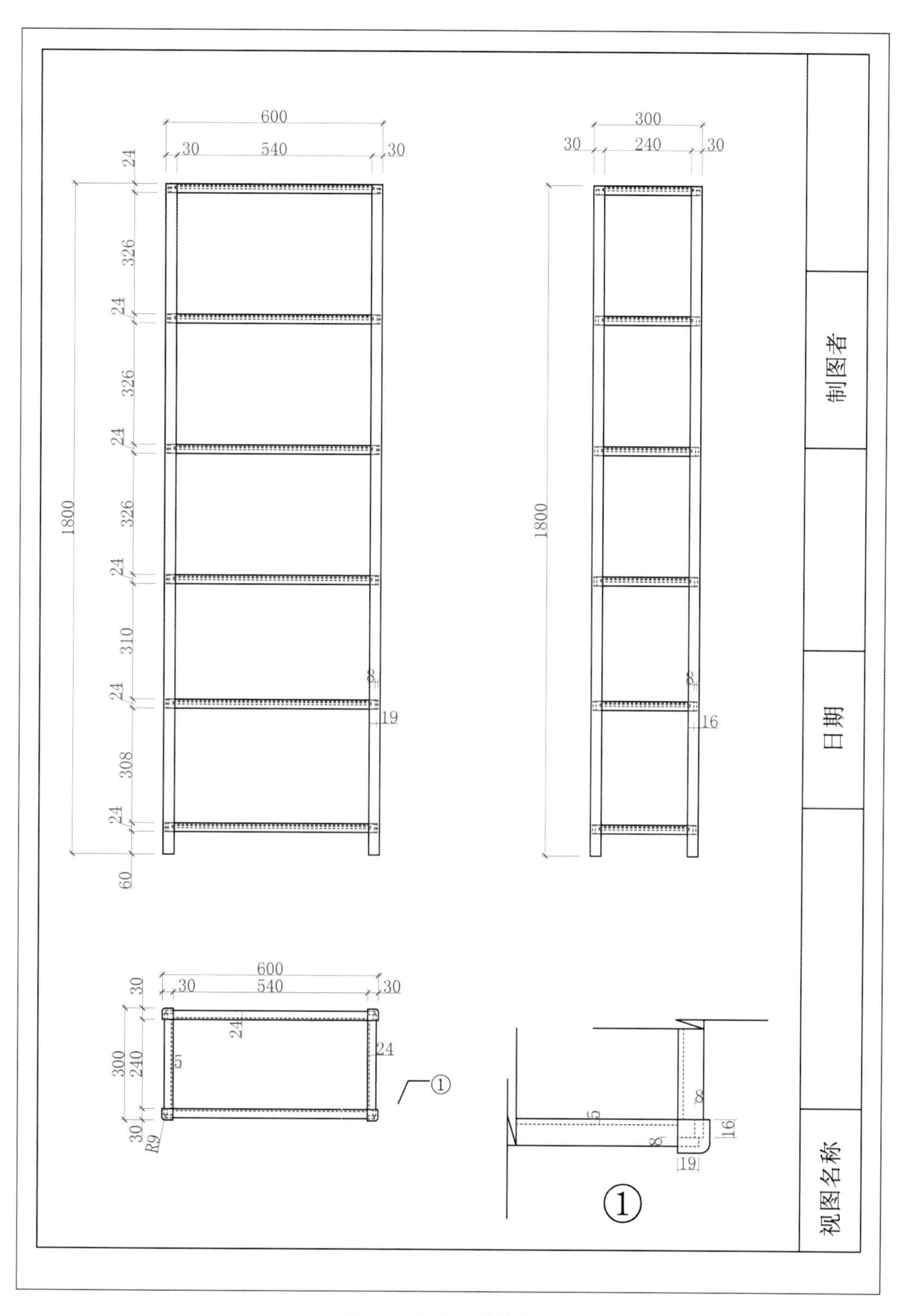
600
30
540
30
24
326
24
326
24
326
24
310
24
308
24
60
1800
8
19
300
30
240
30
1800
8
16
制图者
日期
视图名称
600
30
540
30
30
300
240
30
24
24
5
R9
①
5
8
8
16
19
①

图 9-1　架格尺寸结构图

图 9-2　效果图 1

图 9-3　效果图 2

一、架格腿制作

(1)开料。寻找合适的木料(图 9-4),用卷尺量出 1810 mm 左右的长度(图 9-5),然后用型材切割锯切割下料(图 9-6)。切割出 1810 mm 左右的长度,目的是留出 10 mm 左右的余量,以便之后精确裁剪尺寸。

图 9-4　选定材料

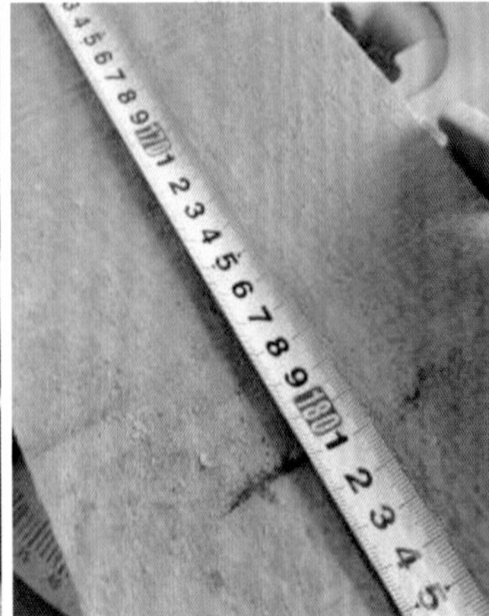

图 9-5　确定长度

图 9-6　锯切

（2）平刨。用平刨机将所切割的材料一面与侧面刨平（图 9-7），然后调整带锯靠山，使带锯锯条内侧到靠山距离约 33 mm 左右，用带锯将材料切割成与架格腿近似的尺寸（图 9-8）。

图 9-7　平刨

图 9-8　带锯粗切

（3）压刨。将平刨调整成压刨状态，调整压刨的定厚尺寸（图 9-9），将架格腿刨成所需的厚度（图 9-10）。压刨完成后，可以用游标卡尺再确认一下尺寸（图 9-11）。如果超过了 30 mm，可以通过调整压刨尺寸，再压刨一次。

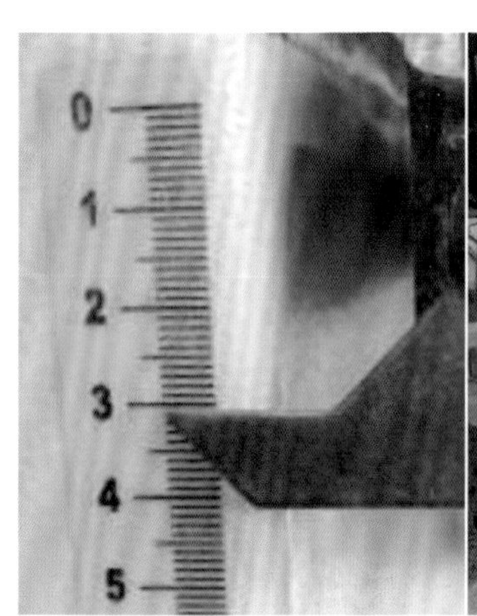

图 9-9　调整压刨尺寸

图 9-10　压刨过程

图 9-11　确认尺寸

（4）架格腿刨好后如图 9-12 所示。

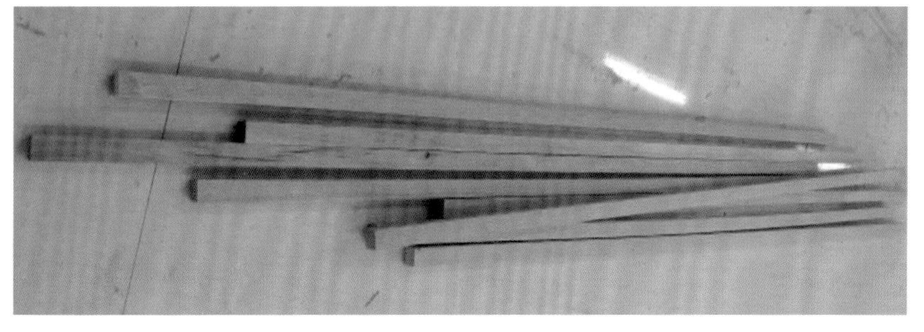

图 9-12　平压刨后效果

(5)将架格腿用小夹具按照如图 9-13 所示的方式夹起来,这样夹起来的目的是好统一画线。

图 9-13　夹装

(6)画线。架格腿两侧画线如图 9-14 与图 9-15 所示,腿部中间的线根据图纸尺寸画出来即可。

图 9-14　左侧画线

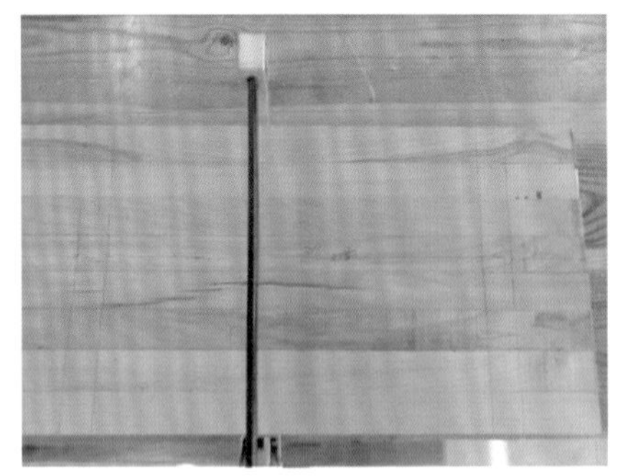

图 9-15　右侧画线

(7)用直角尺将架格腿相邻侧面的线也画出来,如图 9-16 所示。

(8)画出榫眼位置,榫眼距边缘 6 mm,宽 8 mm。榫眼如图 9-17 所示。注意:一条架格腿上共有 12 个榫眼,架格腿顶部榫眼只有 14 mm 高(图 9-18)。

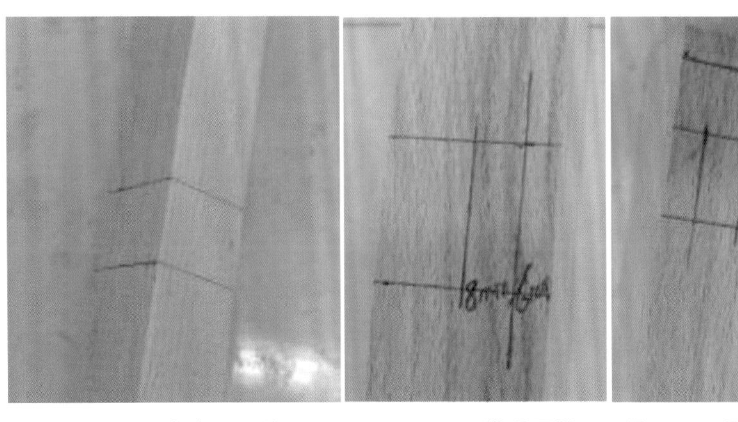

图 9-16　相邻面延线　　图 9-17　榫眼画线　　图 9-18　顶部榫眼画线

(9)将架格腿用方孔机台面夹具夹紧(注意:架格腿下面最好垫一块木方),将 8 mm 的方孔刀具调整到与架格腿平面刚好接触(图 9-19),然后调整方孔机的限位器,调整限位器高度为 20 mm(图 9-20),锁紧限位器。

图 9-19　调整方孔钻

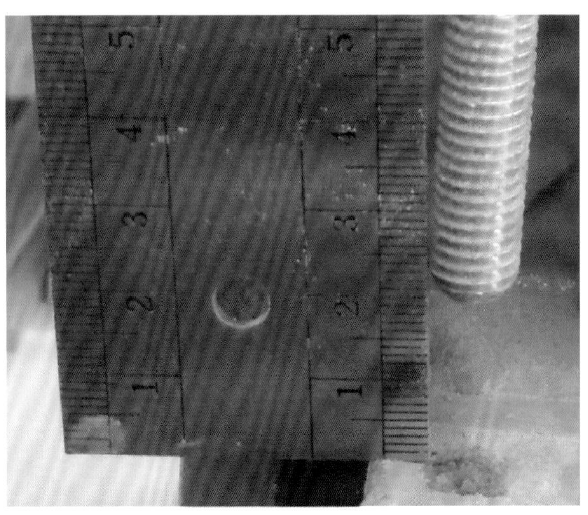

图 9-20　调整钻孔深度

(10)开榫眼。调节机器的台面位置,将刀具对齐所画好的榫眼线(图 9-21),启动机器,制作榫眼(图 9-22)。

图 9-21　对齐榫眼线

图 9-22　钻榫眼

(11)榫眼制作完成后的效果如图 9-23 与图 9-24 所示。

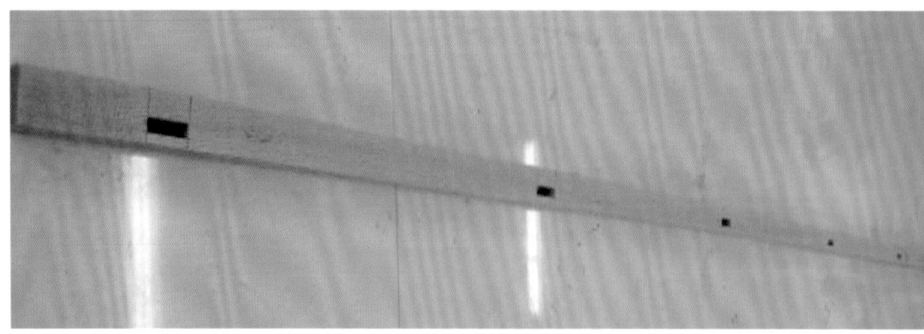

图 9-23　榫眼效果

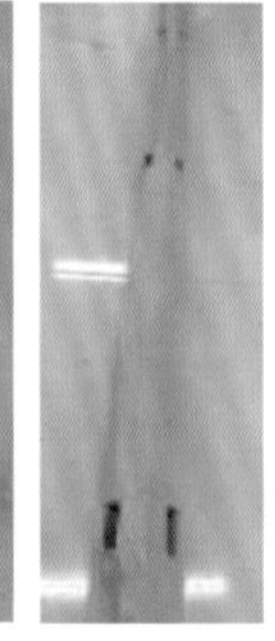

图 9-24　榫眼细节

(12)精裁。用型材切割锯根据画线位置将架格腿端部切割平整(图 9-25)。

(13)倒圆角。调整铣机刀具,换装半径为 9 mm 的倒圆角刀具(图 9-26)。

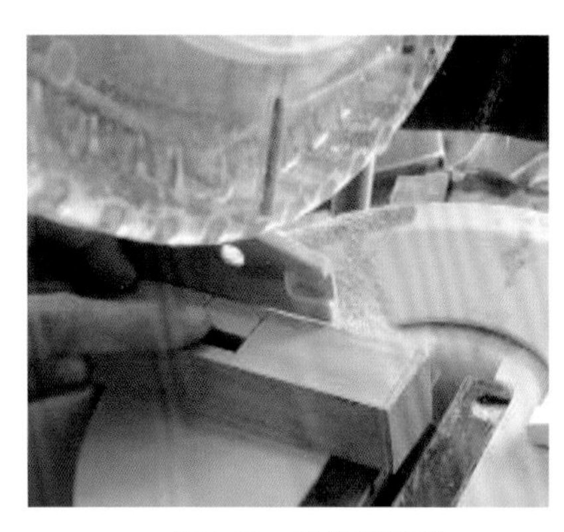

图 9-25　架格腿精裁

图 9-26　换装铣刀

(14)先用一块截面大于 18 mm×18 mm 的木方试验倒圆角,确定一下效果(图 9-27),如果合适,我们就可以正式对架格腿进行倒圆角(图 9-28)。如果不合适,我们要对刀具的高度进行适度的调节。

图 9-27　试倒圆角

图 9-28　正式倒圆角

(15)倒完圆角的架格腿如图 9-29 所示。注意:与倒圆角相邻的两个面是没有榫眼的。

图 9-29　倒圆角效果

二、横档与侧档的制作

(1)开料。参照架格腿的开料方法,通过锯切、平刨、压刨等方式将横档与侧档切割出来。其中横档尺寸加工成 600 mm×24 mm×24 mm,侧档尺寸加工成 300 mm×24 mm×24 mm,效果如图 9-30 所示。

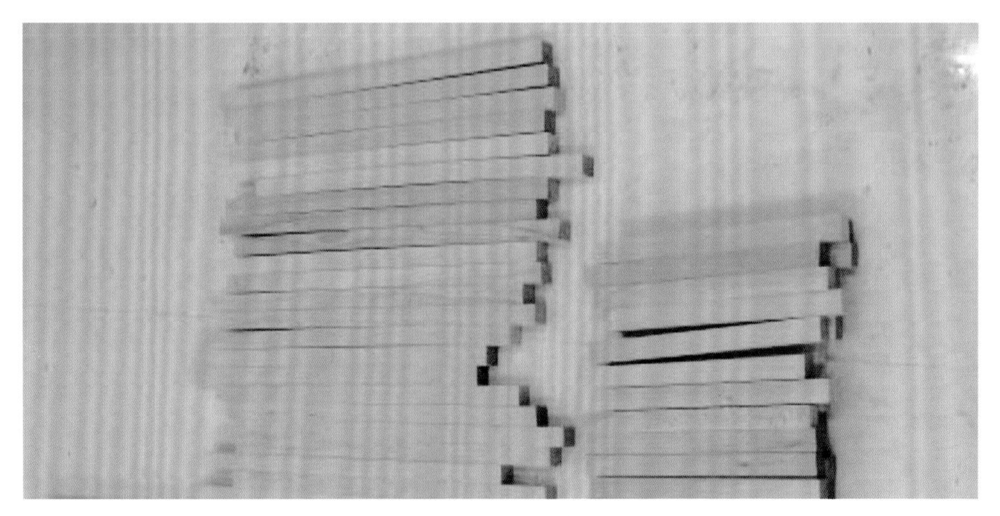

图 9-30　横档与侧档加工

(2)画线。按照图 9-31 至图 9-33 所示画线。其中侧档榫头 16 mm 长,横档榫头 19 mm长。

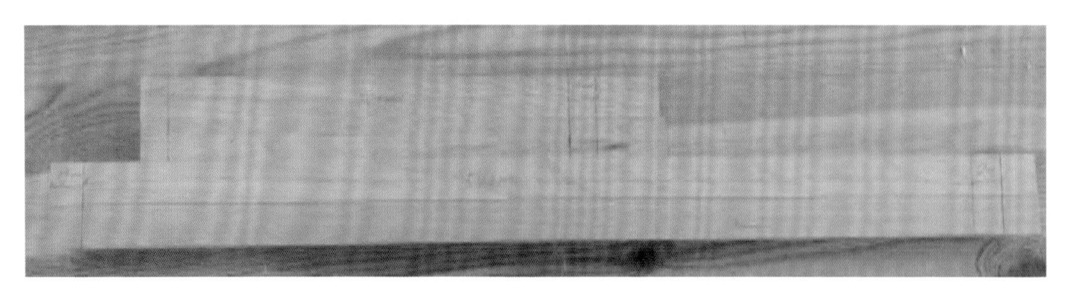

图 9-31　横档与侧档画线

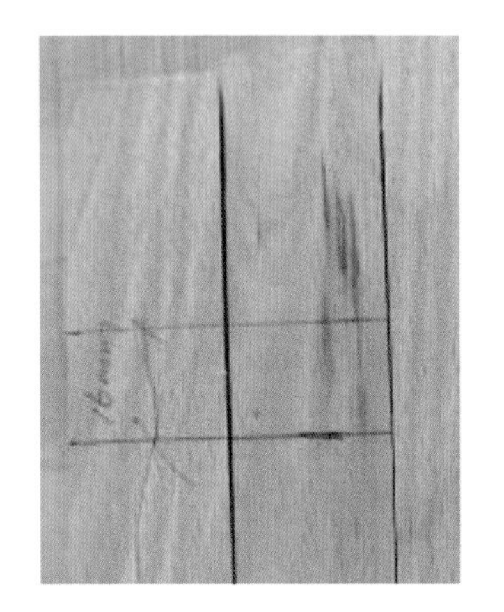

图 9-32　侧档榫头长度

图 9-33　横档榫头长度

(3)按照图 9-34 与图 9-35 所示画出横档和侧档的榫头位置及宽度。

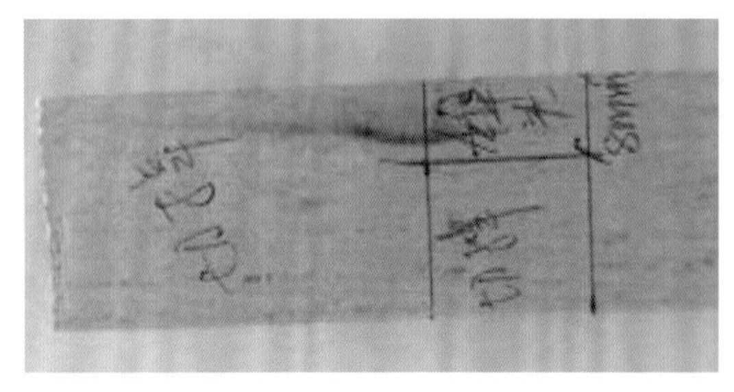

图 9-34　横档榫头位置与宽度

图 9-35　侧档榫头位置与宽度

(4)调整型材切割锯上限位器的位置,将横档的一端用限位器对齐(图 9-36 中红圈所示),用红外线对准另一端的线,将横档切割成我们所需要的精确尺寸。其余的横档与侧档用同样的方法切割成精确的尺寸(图 9-37)。

(5)切割榫头。调整台锯锯片右侧到靠山的距离为 8 mm(图 9-38),同时调整锯片高度为 16 mm(图 9-39)。

图 9-36　限位

图 9-37　横档精裁

图 9-38　调整台锯靠山位置

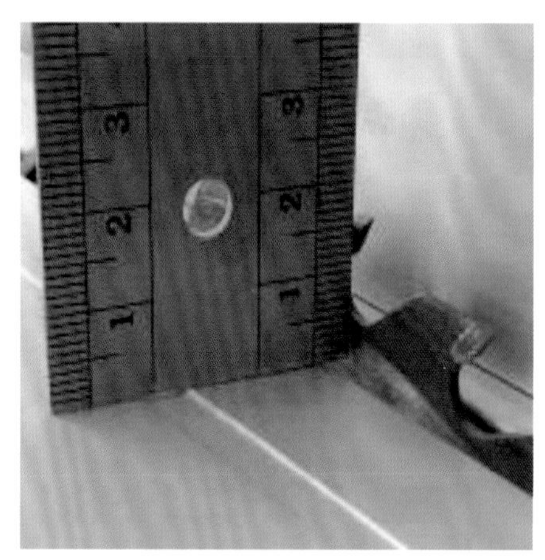

图 9-39　调整锯片高度

(6)将侧档立起来,榫头一侧靠紧靠山,用推把(图 9-40)(该推把为自己制作,个人可以根据实际情况制作相应的推把)匀速推动侧档前进进行榫头的切割(图 9-41)。注意:两端都需要进行切割。

图 9-40　推把

图 9-41　锯切

(7)调整台锯锯片高度为 19 mm，到靠山的距离为 8 mm 不变(图 9-42)。

(8)用同样的方法切割横档(图 9-43)。

图 9-42　调整锯片高度

图 9-43　横档切割后效果

(9)调整锯片的高度，使锯片最高点位置到达刚才切割所形成的切割缝中(图 9-44)(注意：不要超过上面榫头的位置)。调整工件的位置，使榫头的高度线对齐锯片左侧位置(图 9-45)(图中显示为右侧，这是拍照的位置造成的)，调整好后，用限位器限制工件的位置(图 9-46)。横档与侧档均按此方法进行调节。

图 9-44　调整锯片高度

图 9-45　锯片对线

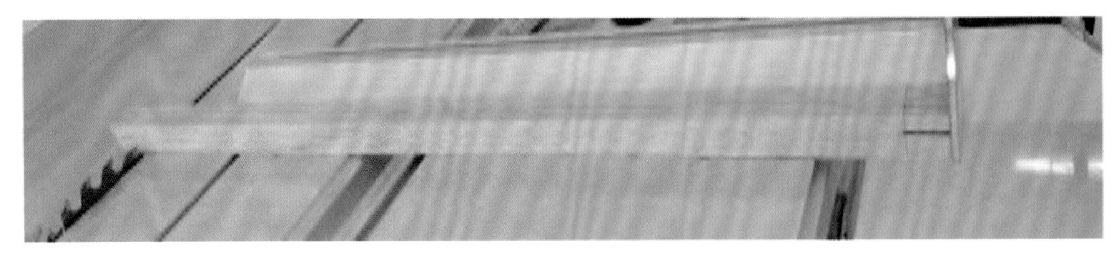

图 9-46　限位

(10)匀速推动工件进行切割(图 9-47),横档与侧档均按此方法进行切割,切割后的榫头效果如图 9-48 所示。

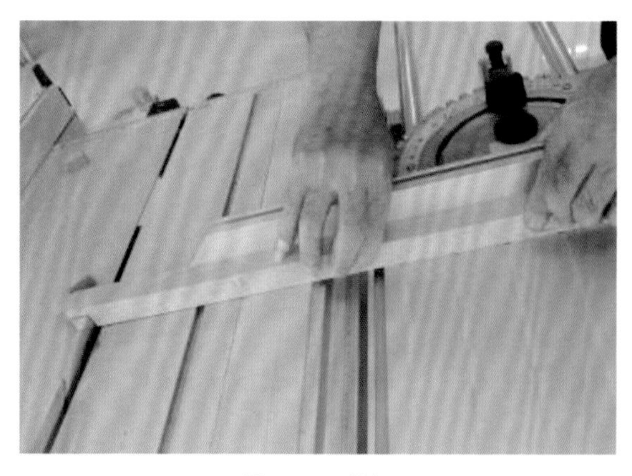

图 9-47 锯切

图 9-48 锯切后效果

(11)制作架格最上端两根横档与两根侧档的榫头。根据图纸,最上面的两根横档和侧档的榫头与其余横档与侧档的榫头不同,所以我们还需再对其进行加工。调整锯片内侧到靠山的距离为 14 mm(图 9-49),同时调整锯片高度为 16 mm(图 9-50)。

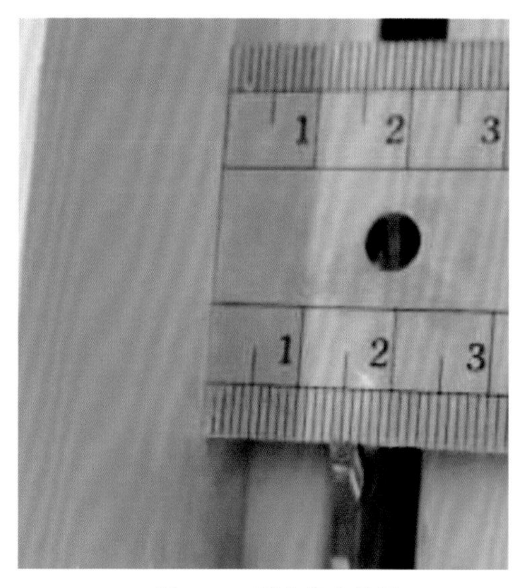

图 9-49 调整靠山位置

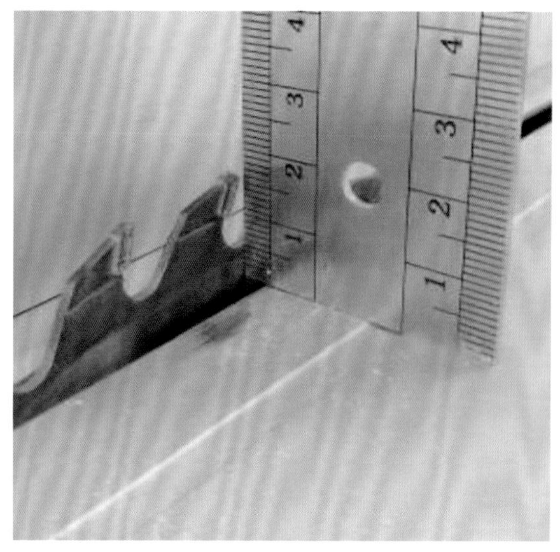

图 9-50 调整锯片高度

(12)侧档榫头切割(图 9-51)。

(13)切割完侧档榫头后,调整锯片高度到 19 mm(图 9-52)。

图 9-51　侧档榫头锯切

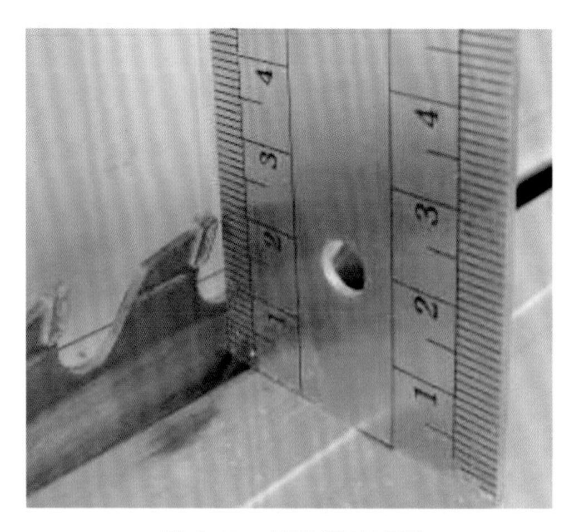

图 9-52　调整锯片高度

(14)进行横档榫头切割(图 9-53)。

(15)按照上述步骤(8)的方法将横档与侧档的榫头切割出来(图 9-54)。

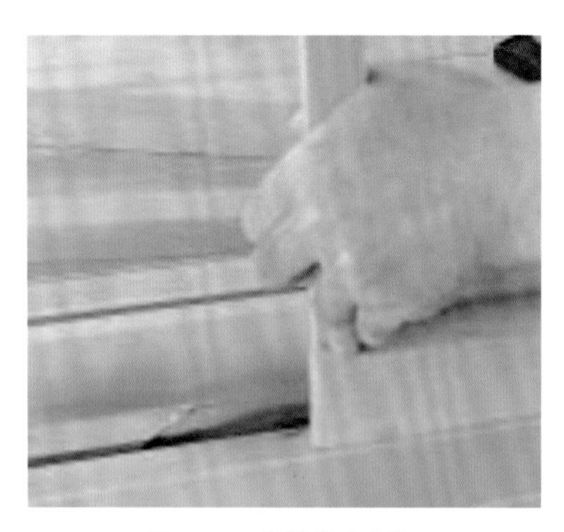

图 9-53　横档榫头锯切

图 9-54　锯切榫头

(16)架格顶部两根横档与两根侧档的榫头制作完成后的效果如图 9-55 所示。至此，横档与侧档的榫头已制作完成。

图 9-55　榫头效果

(17)对横档与侧档铣槽。将铣机的铣刀更换为刃宽为 6 mm 的开槽刀，调整铣刀最外的边缘距离靠山的距离为 5.5 mm(图 9-56)(根据图纸，槽深为 5 mm，这里多 0.5 mm，使槽的底部有一定的余量，以便后面的层板施胶和装配)，调整刀刃上边缘的高度为 13 mm(图 9-57)。

图 9-56 调整铣槽深度

图 9-57 调整铣槽高度

(18)对横档和侧档开槽(图 9-58，图 9-59)。提示：正式开槽前，可以用一根其他的方料进行预开槽，先看一下效果，如果有误差，可以再进行调节。

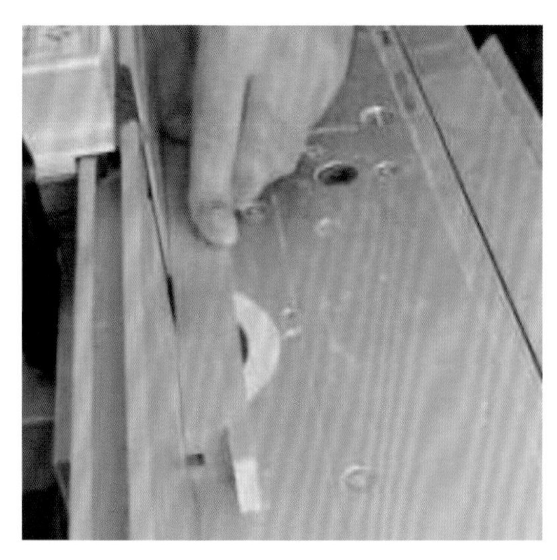

图 9-58 横档铣槽

图 9-59 侧档铣槽

(19)铣槽后的效果如图 9-60 所示。

(20)更换倒圆角铣刀，对横档和侧档的边缘进行倒圆角(图 9-61)。注意：榫头的两边缘倒圆角的位置不要超过榫头，位置如图 9-62 所示。至此，横档与侧档加工完成。

图 9-60　铣槽效果

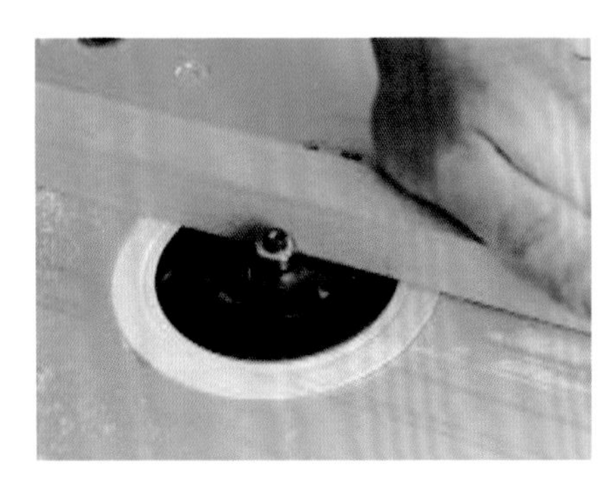

图 9-61　倒圆角

图 9-62　倒圆角效果

三、层板的制作

(1)下料。通过平刨、锯切、压刨、拼板等步骤将层板制作出来(图 9-63 至图 9-66 所示)。注意:拼板时板件宽度要超过 250 mm,长度要超过 550 mm。这里不再赘述具体操作过程,相关流程可参考板凳凳面的制作。

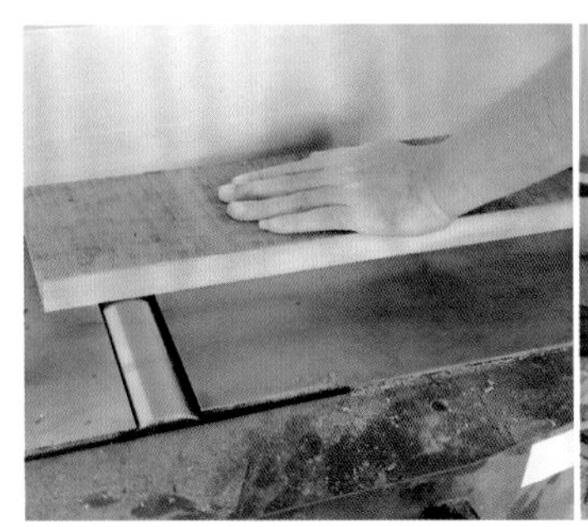

图 9-63　平刨

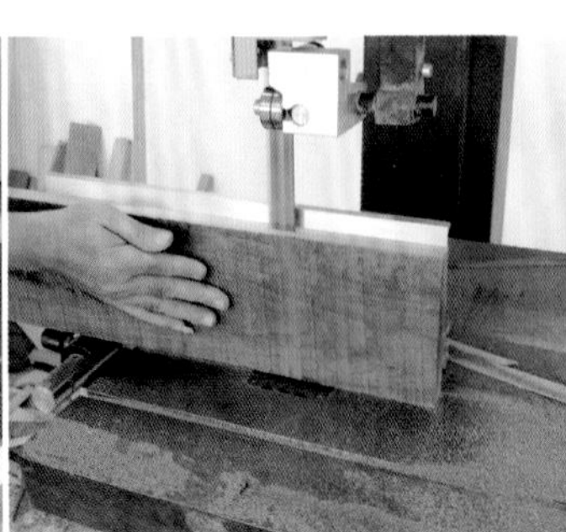

图 9-64　粗切

图 9-65　压刨

图 9-66　拼板

(2)精裁。用台锯锯切层板,可以试切,用尺量一下锯切后的尺寸(图 9-67),如果尺寸符合要求再开始精裁(图 9-68),精裁后板的宽度为 250 mm。

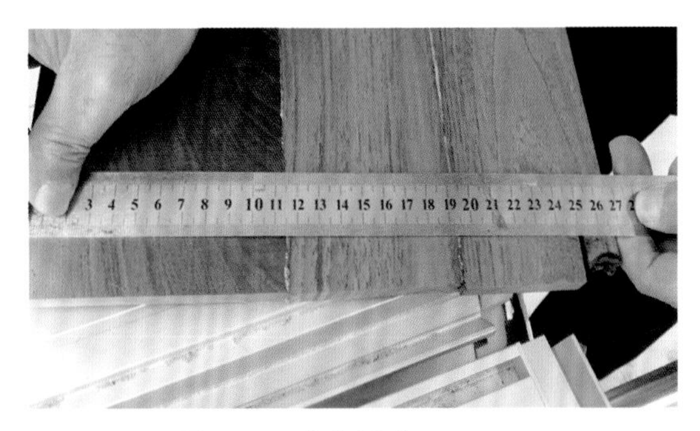

图 9-67　确定尺寸

图 9-68　锯切确定宽度

(3)用型材切割锯锯切(图 9-69),使层板的长度为 550 mm(图 9-70)。

图 9-69　锯切确定长度

图 9-70　锯切后效果

(4)对层板铣 L 型榫。将铣机铣刀换成 6 mm 的开槽刀,调整铣刀刀刃的下边缘的高度为 6 mm(图 9-71)。同时调整铣刀刀刃外边缘到靠山的距离为 5 mm(图 9-72)。

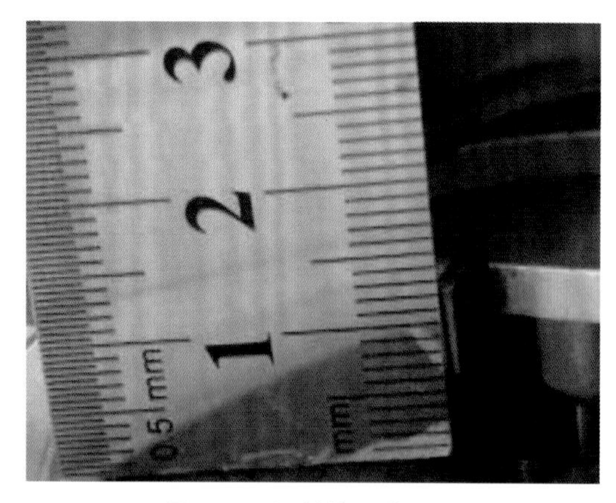

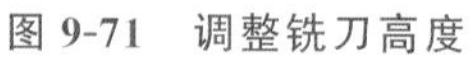
图 9-71　调整铣刀高度

图 9-72　调整深度

(5)匀速推动层板,将层板的四边 L 型榫铣出来(图 9-73 与图 9-74 所示)。

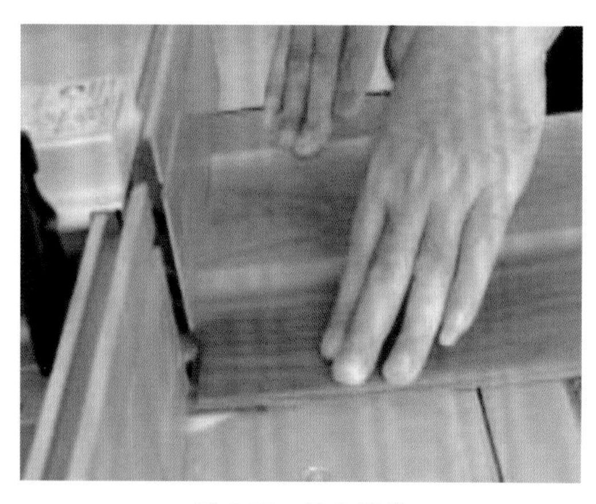

图 9-73　铣 L 型榫

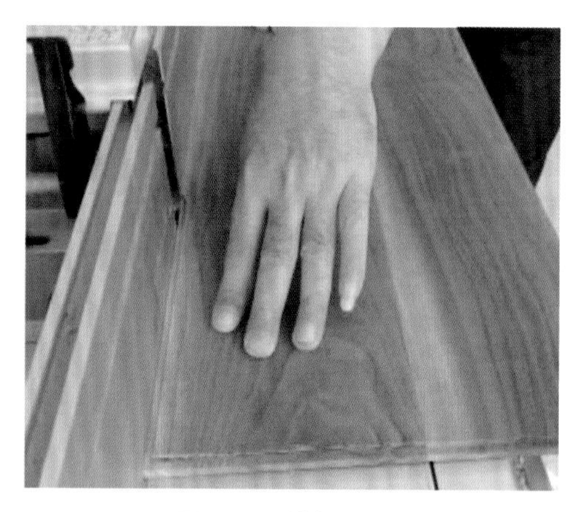

图 9-74　铣榫过程

(6)使用角磨机对层板的四个角进行打磨(图 9-75),打磨后的效果如图 9-76 所示。打磨过程需要小心,不要打磨过度。

图 9-75　角磨机打磨

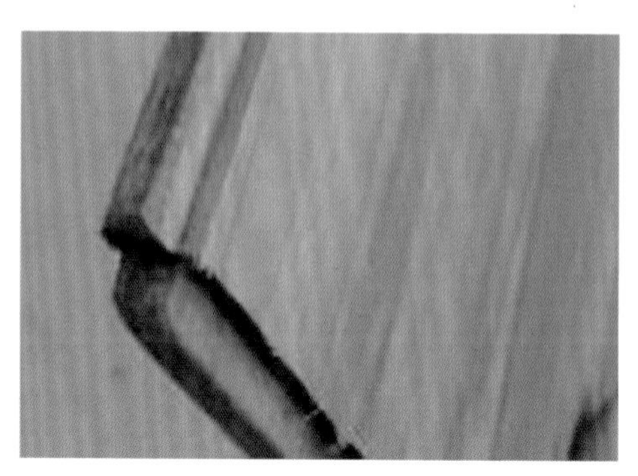

图 9-76　打磨后效果

(7)使用打磨机对层板、架格腿、横档与侧档进行打磨。打磨的细腻程度可以依据自己的喜好与实际情况来确定(图 9-77 至图 9-79 所示)。

图 9-77　层板打磨

图 9-78　架格腿打磨

图 9-79　横档与侧档打磨

(8)施胶组装(图 9-80)。先将横档与左右架腿组装起来(图 9-81)。

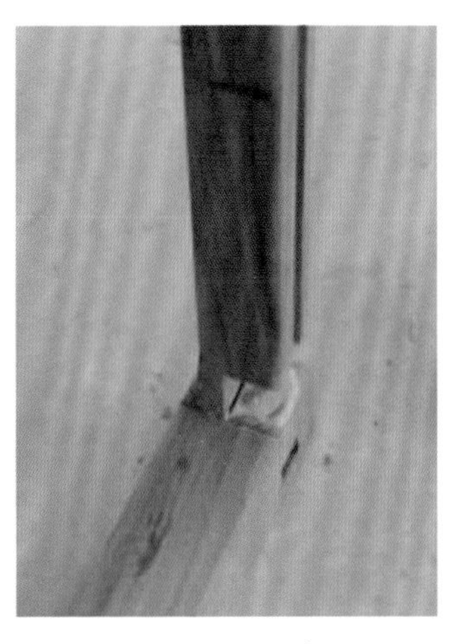

图 9-80　上胶

图 9-81　组装

(9)在组装时,需要对框架的对角线进行测量(图 9-82),如果对角线长度相等,则说明组装没变形;如对角线长度不相等,则说明该框架不是方形,需要调整夹具的松紧度,使框架保持方形。组装好后,等待胶水固化(图 9-83)。

(10)继续将所有的部件组装起来,并用夹具夹紧,等待胶水固化(如图 9-84 至图 9-86 所示)。

(11)胶水固化后,松开夹具(图 9-87),然后上木蜡油,效果如图 9-88 所示。

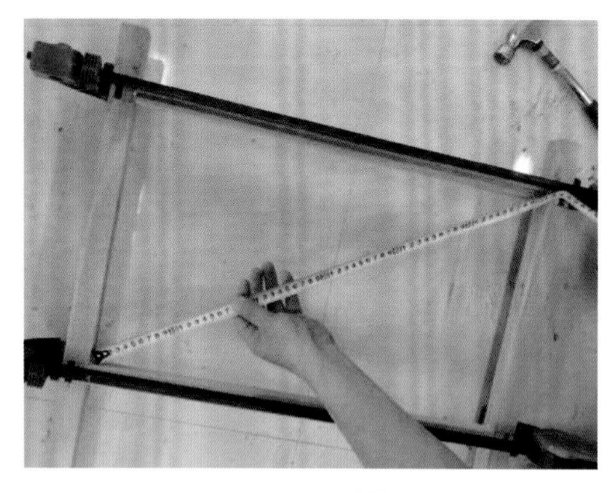

图 9-82 测量

图 9-83 夹具夹紧

图 9-84 层板组装

图 9-85 大致组装效果

图 9-86 夹具夹紧

图 9-87 整体效果

图 9-88 上木蜡油效果

参考文献

[1]科恩.彼得·科恩木工基础[M].王来,马菲,译.北京:北京科学技术出版社,2013.

[2]英国DK出版社.木工全书[M].张亦斌,李文一,译.北京:北京科学技术出版社,2014.

[3]吴智慧.木家具制造工艺学[M].2版.北京:中国林业出版社,2012.

[4]许柏鸣.家具设计[M].北京:中国轻工业出版社,2009.

[5]唐彩云.家具结构设计[M].北京:中国水利水电出版社,2018.